Ronald Schnetzer

**Workflow-Management
kompakt und verständlich**

Know-how für das Management
herausgegeben von Dr. Ronald Schnetzer

Die Bücher der Reihe *Know-how für das Management* richten sich an Entscheidungsträger und Projektverantwortliche für Organisation und Informationstechnik, die ihr Unternehmen ausrichten möchten an zukunftsträchtigen Konzepten, wie sie sich in der Praxis bewähren.

Gemeinsames Merkmal der Bände ist der Anspruch, relevantes Wissen so praxisnah, kompakt, übersichtlich und verständlich wie irgend möglich anzubieten. Durchgehend erläutern dabei Grafiken den Text.

Der Aufbau der Buchreihe ist einheitlich gegliedert in die Teile Begriff, Idee, Vorgehen, Tools und Praxisbeispiele.

Die ersten Titel der Reihe sind:

Business Process Reengineering kompakt und verständlich
von Ronald Schnetzer

Workflow-Management kompakt und verständlich
von Ronald Schnetzer

Weitere Titel sind in Vorbereitung.

Vieweg

Ronald Schnetzer

Workflow-Management
kompakt und verständlich

Praxisorientiertes Wissen
in 24 Schritten

PROMET® ist ein eingetragenes Warenzeichen der IMG (Schweiz) AG.
ARIS® ist ein eingetragenes Warenzeichen der IDS Scheer AG.
Der Autor und der Reihenherausgeber bedanken sich für die freundliche Genehmigung der IMG (Schweiz) und der IDS Scheer Aktiengesellschaft, die genannten Warenzeichen im Rahmen des vorliegenden Titels zu verwenden. Die IMG (Schweiz) AG und die IDS Scheer AG sind jedoch nicht Herausgeberinnen des vorliegenden Titels oder sonst dafür presserechtlich verantwortlich.

Alle Rechte vorbehalten
© Friedr. Vieweg & Sohn Verlagsgesellschaft mbH, Braunschweig/Wiesbaden, 1999
Softcover reprint of the hardcover 1st edition 1999
Der Verlag Vieweg ist ein Unternehmen der Bertelsmann Fachinformation GmbH.

Das Werk einschließlich aller seiner Teile ist urheberrechtlich geschützt. Jede Verwertung außerhalb der engen Grenzen des Urheberrechtsgesetzes ist ohne Zustimmung des Verlags unzulässig und strafbar. Das gilt insbesondere für Vervielfältigungen, Übersetzungen, Mikroverfilmungen und die Einspeicherung und Verarbeitung in elektronischen Systemen.

http://www.vieweg.de

Die Wiedergabe von Gebrauchsnamen, Handelsnamen, Warenbezeichnungen usw. in diesem Werk berechtigt auch ohne besondere Kennzeichnung nicht zu der Annahme, dass solche Namen im Sinne der Warenzeichen- und Markenschutz-Gesetzgebung als frei zu betrachten wären und daher von jedermann benutzt werden dürften.

Höchste inhaltliche und technische Qualität unserer Produkte ist unser Ziel. Bei der Produktion und Auslieferung unserer Bücher wollen wir die Umwelt schonen: Dieses Buch ist auf säurefreiem und chlorfrei gebleichtem Papier gedruckt. Die Einschweißfolie besteht aus Polyäthylen und damit aus organischen Grundstoffen, die weder bei der Herstellung noch bei der Verbrennung Schadstoffe freisetzen.

Konzeption und Layout des Umschlags: Ulrike Weigel, www.CorporateDesignGroup.de

ISBN-13: 978-3-322-89875-3   e-ISBN-13: 978-3-322-89874-6
DOI: 10.1007/978-3-322-89874-6

Vorwort

> If you think the information revolution
> isn't transforming your business,
> think again.
> Rayport / Sviokla 1994

Vor einem Jahr habe ich die Publikation *Business Process Reengineering (BPR) in 24 Schritten verstanden* veröffentlicht. Der grosse Erfolg dieses Bandes hat mich motiviert, die Reihe *Know-how für das Management* zu starten. Nach dem ersten Band über BPR ist dies die zweite Publikation in dieser Reihe. Sie ist dem Thema *Workflow-Management* gewidmet.

Ich habe in etlichen BPR-Projekten mitgearbeitet und dabei den methodischen Einsatz und die Praxis vertieft. Aus meiner Tätigkeit als Unternehmensberater für die Dr. Schnetzer Consulting AG sowie als Trainer an verschiedenen Lehrinstituten kenne ich die aktuelle und zukünftige Bedeutung von Workflow-Management-Systemen.

Der Band soll nun kompakt in dieses Thema einführen. Das übersichtliche Darstellungskonzept, bei dem jeweils links eine Graphik und rechts der erläuternde Text steht, hat sich bewährt.

Sollten Sie zusätzliches Informations- oder Lehrmaterial benötigen, weitere Fragen und Anregungen haben oder einen Feedback geben wollen, so zögern Sie nicht, und senden Sie mir eine elektronische Nachricht an:

Email: feedback@Schnetzerconsulting.ch

Mein Dank gilt allen Personen in den Projekten, Kursen und Workshops, die mit ihren praxisnahen und anregenden Diskussionen zum Gelingen dieses Vorhabens beigetragen haben. Besonderer Dank gebührt Herrn Michael Stutz-Kooiman, der mich bei der Umsetzung des Vorhabens tatkräftig, gewissenhaft und professionell unterstützte.

Küsnacht, im Mai 1999　　　　　　　　　　　　　　　　Ronald Schnetzer

Inhaltsverzeichnis

Einleitung 9
Begriff 13
  1 Heutige Situation 14
  2 WFM-Begriffe 16
  3 Workflow-Management = Prozessmanagement 18
Idee 21
  4 WFM aus Benutzersicht 22
  5 Gründe für den Einsatz von WFMS 24
  6 BPR-Schmetterling 26
  7 Potential des Workflow Management 28
  8 Risiken beim Einsatz von WFMS 30
Vorgehen 33
  9 Gesamtmodell 34
  10 Methodisches Vorgehen 36
  11 WFMS-Rollen und Bedeutung für das BPR 38
  12 Drei Komponenten eines WFMS 40
  13 Modellierung eines Geschäftsfalles 42
  14 Entwicklung des Software-Engineerings 44
  15 Konsequenzen für das Software-Engineering 46
Tools 49
  16 Überblick Prozessmanagement - Tools 50
  17 Abgrenzungen: Grundkonzepte Interaktion 52
  18 WFMS-Generationen 54
  19 WFMS und Modellierungs-Tools 56
  20 Referenzmodell der WfMC 58
Praxis 61
  21 Praxisbeispiel 62
  22 WFMS und Dokumentenmanagement 64
  23 Anforderungen an ein WFMS – Praxis Tools 66
  24 Lebenszyklus WFMS und Ausblick 68
    Epilog 71
    Selbstkontrolle: Workflow Management in 24 Schritten ... 73
    Glossar 75
    Literaturverzeichnis 77
    Stichwortverzeichnis 79

Einleitung

Problemstellung / Ausgangslage

Technologische Innovationen und andere Diskontinuitäten machen es notwendig, Geschäftsmodelle, deren Umsetzung durch Geschäftsprozesse und natürlich deren Unterstützung durch die Informationstechnologie (IT) ständig anzupassen. Mindestens ebenso wichtig wie eine optimale IT-Unterstützung des Geschäfts wird damit eine optimale IT-Unterstützung des Wandels. Die Unternehmen befinden sich in einer Phase des radikalen Umbruchs. Globalisierung, Entwicklung der Informationstechnologie, Triumph der Wertorientierung *(Shareholder Value)* sind die fundamentalen Antriebskräfte dieser nachhaltigen Veränderungen. Die Entwicklung der Informationstechnologie erlaubt die Schaffung von immer leistungsfähigeren Systemen in allen Phasen des Wertschöpfungsprozesses. In den Unternehmen sind in der Regel über die Jahre gewachsene Informationssysteme im Einsatz. Diese verfügen jedoch meist nicht über jene Flexibilität, welche die Manager benötigen, um sich auf die immer rascher wandelnde Umwelt einzustellen.

Das Business Process Reengineering (BPR) und das damit verbundene Prozessmanagement stellt die Frage, wie ein Unternehmen ausgestaltet sein könnte, wenn es auf der grünen Wiese neu aufgebaut würde.[1] BPR ist ein radikaler und fundamentaler Lösungsansatz, mit dem Unternehmen neu ausgerichtet werden. Die elementaren Wertschöpfungsprozesse werden neu strukturiert. Der Einsatz von IT spielt dabei oftmals die entscheidende Rolle. Sie ermöglicht es, mittels neuer Prozesse, neue Produkte auf neuen Märkten anzubieten. Bei der raschen Realisierung der neuen Prozesse, leisten Workflow-Management-Systeme (WFMS) einen wesentlichen Beitrag. Sie unterstützen nicht nur das Prozessmanagement, sondern ermöglichen gleichzeitig die rasche und flexible Realisierung neuer Geschäftsprozesse.

An diesem Schnittpunkt zwischen der dynamischen betrieblichen Geschäftswelt und der IT mit der *Legacy (Altsysteme)* und Client-Server-Architekturen kristalliert sich das Potential der Workflow-Management-Systeme aus. Durch die Integration bestehender IT-Funktionen über die Ablaufsteuerung der WFMS können die Geschäftsanforderungen realisiert werden.

Die nächsten „24 Schritte" bringen Sie dieser Idee und Technologie näher.

---

[1] Schnetzer 1995, Schnetzer 1997, Hammer + Champy 1994, Davenport 1993

Ziel und Aufbau

Auf der Basis der geschilderten Ausgangslage führt

Workflow-Management in 24 Schritten

in das Thema Workflow-Management (WFM) ein. Möglichst kompakt werden die grundlegenden Prinzipien des Workflow-Managements vorgestellt.

Der Aufbau orientiert sich an der Idee, als strukturierte Unterweisung möglichst einfach und übersichtlich Thema für Thema zu besprechen. Bei einer strukturierten Unterweisung wird der gesamte Stoff in logisch zusammengehörende Einheiten gegliedert, die ein in sich abgeschlossenes Thema bilden. Alle Themen werden in einfachen, verständlichen Sätzen so beschrieben, dass keine Verständnislücken entstehen. Dafür ist eine einheitliche Darstellung gewählt worden, wobei jeweils auf der linken Seite eine Graphik und oder Definition zum Thema abgebildet ist und auf der rechten Seite die entsprechende Erläuterung. Dadurch wird das gezielte Einlesen in ein Thema vereinfacht.

Im **ersten Teil** werden die Begriffe rund um das Thema Workflow Management definiert. Im **zweiten Teil** wird die Idee vorgestellt. Daran schliesst sich der **dritte Teil** Vorgehen an. Nach dem **vierten Teil,** in dem die Tools vorgestellt werden, schliesst der **fünfte Teil** mit einem Blick in die Praxis die Ausführungen ab. Am Schluss befindet sich neben einem **Glossar** auch eine **Selbstkontrolle**, welche Ihnen die Möglichkeit bietet zu überprüfen, ob Sie *Workflow Management in 24 Schritten* verstanden haben. Das **Literaturverzeichnis** hilft, falls weiterführendes Interesse vorhanden ist. Schliesslich kann das **Stichwortverzeichnis** zum Nachschlagen bestimmter Schlagworte benutzt werden.

Die Arbeit soll sowohl einen Beitrag zum theoretischen Verständnis leisten, als auch der Praxis eine Hilfestellung zu den erwähnten Herausforderungen geben. Weiter soll sie zum Überbrücken des historisch gewachsenen Grabens zwischen betriebswirtschaftlicher und IT-Denkweise beitragen. Daher ist es ein Anliegen, LeserInnen[2] aus den Gebieten Informatik und (Betriebs-) Wirtschaft anzusprechen, um so zu einem besseren gegenseitigen Verständnis beizutragen. Nur zusammen können die aktuellen Problemstellungen bewältigt werden.

---

[2] Zugunsten der sprachlichen Einfachheit wird im weiteren meistens nur die männliche Sprachform verwendet. Selbstverständlich sind dabei immer beide Geschlechter angesprochen.

Workflow Management

Begriff

"Zuerst", antwortet der Meister,
"müssen die Begriffe richtig bestimmt werden.
Wenn die Begriffe nicht richtig bestimmt sind,
stimmen die Aussagen nicht mit den Tatsachen überein;
wenn die Aussagen nicht mit den Tatsachen übereinstimmen,
sind die Geschäfte schlecht zu führen;
wenn die Geschäfte schlecht zu führen sind,
gedeiht keine Ordnung und Harmonie;
wenn keine Ordnung und Harmonie gedeiht,
wird Gerechtigkeit zu Willkür;
wenn Gerechtigkeit zu Willkür wird,
weiss das Volk nicht, wohin Hand und Fuss setzen"

Konfuzius

1 Heutige Situation

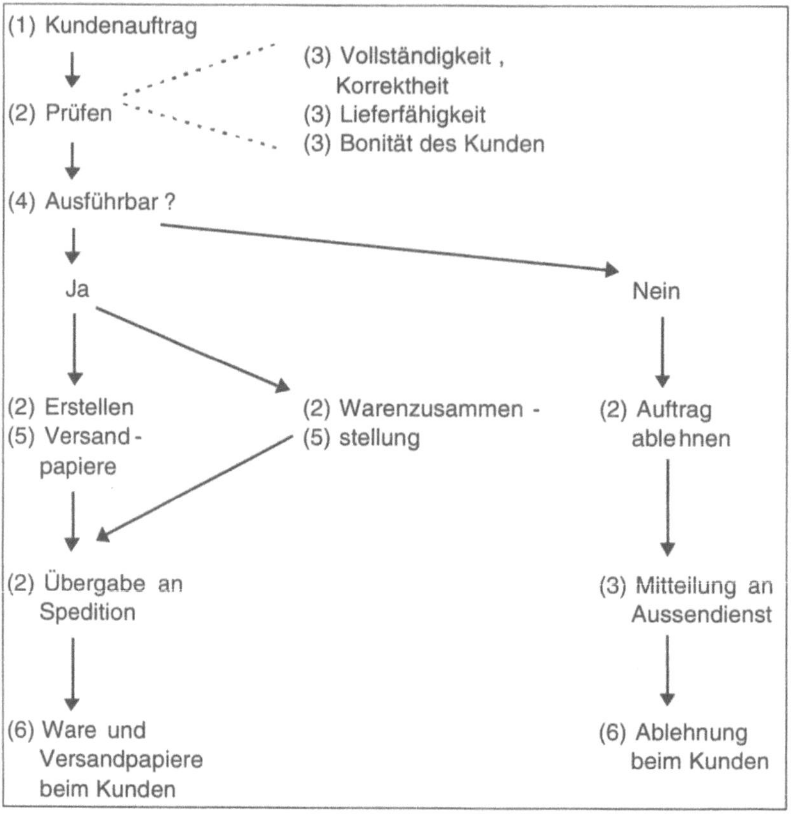

```
(1) Kundenauftrag
     ↓                    (3) Vollständigkeit,
                              Korrektheit
(2) Prüfen                (3) Lieferfähigkeit
     ↓                    (3) Bonität des Kunden
(4) Ausführbar?

        Ja                              Nein

(2) Erstellen      (2) Warenzusammen-    (2) Auftrag
(5) Versand-       (5) stellung              ablehnen
    papiere

(2) Übergabe an                          (3) Mitteilung an
    Spedition                                Aussendienst

(6) Ware und                             (6) Ablehnung
    Versandpapiere                           beim Kunden
    beim Kunden
```

Abbildung 1: Ein typischer Prozess

Fast jeder Prozess in den Unternehmen läuft ungefähr nach dem Muster der abgebildeten Abwicklung eines Kundenauftrages ab Lager ab. Selbst Unternehmensbereiche wie Forschung und Entwicklung oder Strategieentwicklung weisen eine gewisse Struktur aus, beispielsweise Ideen sammeln, verarbeiten und Lösungen formulieren.

Ein typischer Prozess umfasst die Elemente[3]:

(1) Auslöser / Start (4) Auswahl
(2) Aktivität (5) Parallelität / Sequenz
(3) Zerlegung (6) Abschluss

Diese meist historisch gewachsenen Prozesse sind von den gleichen Problemen geprägt:

- keine oder wenig Information über den laufenden Prozess

- manuelles Weiterreichen der Dokumente

- schwieriges Nachvollziehen der Prozesse (fehlende Dokumentation)

- fehlende (abteilungsübergreifende) Prozesssichtweise

- grosser Koordinations- und Kooperationsaufwand

- kaum prozessbezogene Auswertungsmöglichkeiten

- Potential bei der Integration PC, Host und Middleware wird nicht genutzt

- fehlende Auskunftsbereitschaft

- inflexible Applikationen resp. Anpassungszeit der IT

- hohe Durchlaufzeiten aufgrund von Liege- und Transportzeiten

- Medienbrüche

An diesen Schwachstellen setzt die Idee des Workflow-Managements an. Die Basis bilden die Prozesse. Durch den Einsatz moderner IT-Werkzeuge wie Workflow-Management-Systemen werden solche wiederkehrenden Prozesse unterstützt.

---
[3] Heilmann 1994 S.9

2 WFM-Begriffe

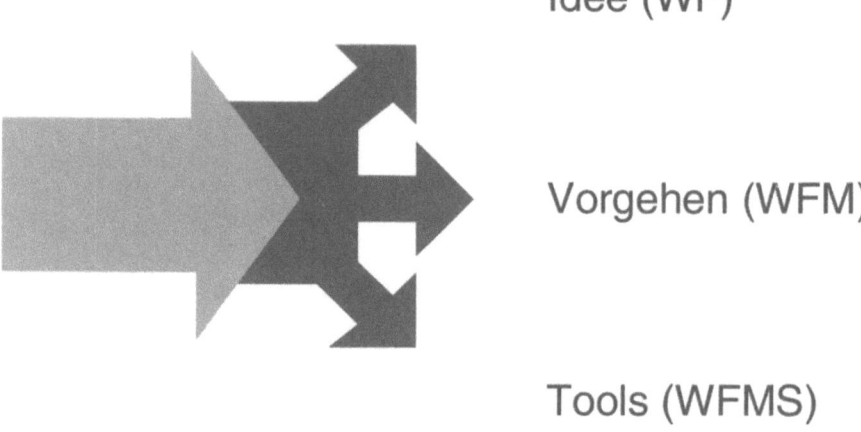

Abbildung 2: Die Begriffe

> Ein **Workflow** ist eine spezielle Prozessart, die durch den Einbezug von Aktivitäten, Aktoren, Daten und Abhängigkeiten detailliert dargestellt werden kann. Der Workflow umfasst zudem nur stark strukturierte und somit geregelte, sich oft wiederholende Prozesse, welche kooperativ, das heisst arbeitsteilig, mit dem Ziel der betrieblichen Leistungserstellung ausgeführt werden.

Definition 1: Workflow

Der Begriff *Workflow* lässt sich, genauso wie die Begriffe *Marketing* oder *Business Process Reengineering* aus verschiedenen Perspektiven betrachten. Die Begriffe *Workflow* und *Workflow-Management* haben sich gegenüber dem Begriff *Vorgangsbearbeitung* in der Praxis durchgesetzt. Aus meiner bisherigen Erfahrung hat sich die Dreiteilung: *Idee, Vorgehen* und *Tools* bewährt[4].

Die Dimension *Idee* beschäftigt sich mit dem Inhalt des Begriffes *Workflow* selbst. Welches sind die wesentlichen Elemente, die einen Workflow ausmachen? Wie steht der Begriff *Workflow* in Beziehung zu den Prozessen?

Die Dimension *Vorgehen* untersucht Vorgehensmodelle und Techniken, welche die konkrete Umsetzung von Workflow-Management im Betrieb unterstützen.

Schliesslich wird die Dimension *Tool* die Komponenten von Workflow Management Systemen (WFMS) sowie aktuelle WFMS untersuchen.

- **Idee (Workflow)**

Ein *Workflow* ist eine detaillierte Beschreibung eines Prozesses. Es werden dabei Informationen wie Aufgabenträger (oder Aktoren – darunter können Menschen oder Maschinen verstanden werden), Abhängigkeiten und Bedingungen festgehalten[5]. Der Begriff *Workflow* stammt zwar aus der IT-Welt, und vielfach ist damit ein Prozess im Zusammenspiel mit der IT gemeint. Der Bezug zur IT ist aber nicht zwingend, denn ein Workflow kann auch IT-unabhängig sein. Er kann auch traditionell mittels Belegen, Akten und anderen konventionellen Hilfsmitteln ablaufen. Ein Workflow besteht somit aus einer Menge von Schritten, welche zusammen ein bestimmtes Ziel verfolgen und eine Leistung erbringen.

Ein *Prozess* läuft *wertschöpfend*, zielgerichtet und kundenorientiert ab. Der laufende Prozess wird dabei Instanz[6] oder Exemplar[7] des Prozesses genannt. Die Instanzen sind dann zwar immer strukturell gleich, laufen aber aufgrund diverser Verzweigungsmöglichkeiten verschieden ab. Handelt es sich um einen strukturierten, arbeitsteiligen und sich oft wiederholenden Prozess, so kann von einem Workflow gesprochen werden. Der auch verwendete Begriff *Vorgang* kann synonym für *Workflow* gebraucht werden.

---

[4] Schnetzer 1997, Schnetzer 1998
[5] siehe bspw. Jablonski 1995 S.14 oder Vogler 1996 S.345
[6] Reinwald 1993 S.35
[7] Heilmann 1994 S.10

3 Workflow-Management = Prozessmanagement

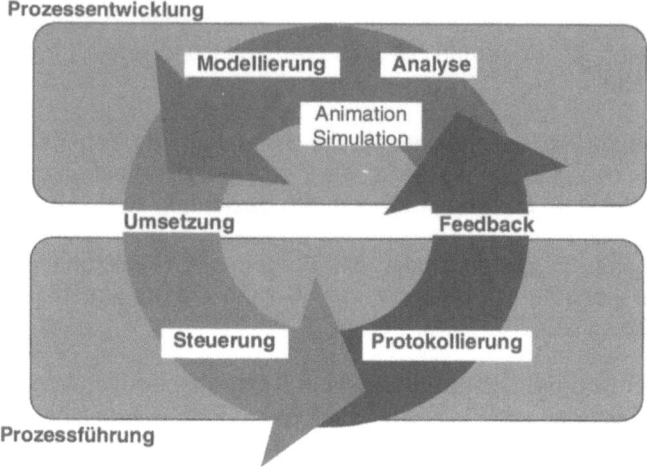

Abbildung 3: Prozessmanagement

Prozessmanagement Das umfassende Prozessmanagement (=Prozessmanagement im weiteren Sinn) beinhaltet die Prozessgestaltung und die Prozess(aus)führung (=Prozessmanagement im engeren Sinn).

Definition 2: Prozessmanagement

Workflow-Management umfasst als IT-unabhängige Idee, im Sinn des ganzheitlichen Prozessmanagements und der damit verbundenen Konzentration auf (Geschäfts-) Prozesse, alle Aufgaben, die bei der Analyse, Modellierung, Animation, Simulation, Umsetzung, Steuerung und Administration von Workflows erfüllt werden müssen.

Definition 3: Workflow-Management

Ein **Workflow-Management-System** unterstützt als integrierendes IT-Mittel, welches aus einem oder mehreren IT-Werkzeugen besteht, sämtliche Aufgaben, die im Rahmen des Workflow-Managements anfallen, wobei vor allem auch die explizite Steuerung und damit Kontrolle des Workflows im Zentrum steht, welche zur Auslagerung der Prozesslogik aus den Software-Programmen ins Workflow-Management-System führt.

Definition 4: Workflow-Management-System

- **Prozessmanagement**

Der Begriff Prozessmanagement umfasst die Teilgebiete *Prozessgestaltung* und *Prozessausführung*. Wenn man den Begriff *Workflow* dem Begriff *Prozess* gleichstellt, dann kann der Begriff *Workflow Management* dem *Prozessmanagement* zugeordnet werden. In der Darstellung sind zwei Teilzyklen zu erkennen: die Prozessentwicklung sowie die Prozessführung[8].

- **Vorgehen (Workflow-Management)**

Workflow-Management basiert auf der Idee des ganzheitlichen Prozessmanagements. Dieses umfasst neben den strukturierten Prozessen (Workflows) auch die Prozessgestaltung und Prozessausführung von unstrukturierten Prozessen. Damit ist eine wichtige *Schnittstelle* zu BPR vorhanden. Sowohl im BPR als auch beim Workflow-Management steht die Prozessorientierung und die damit verbundene Konzentration auf Prozesse im Mittelpunkt. Diese fundamentale Abkehr von der Funktionensicht hat auch grosse Auswirkungen auf die IT-Implementation, welche mittels den nachfolgend beschriebenen WFMS erfolgt.

- **Tools (Workflow-Management-Systeme)**

WFMS sind IT-Werkzeuge, die das *Workflow-Management* unterstützen und somit helfen, einen *Workflow* zu modellieren, umzusetzen, zu steuern und zu protokollieren[9].

Die mit einem *WFMS* abgewickelten Prozesse sollten somit in Anlehnung an die Workflow-Definition folgende Merkmale aufweisen[10]:

- strukturierter, sich selten ändernder, aber oft wiederholender Prozess
- vorgegebene, eindeutige Regeln
- arbeitsteilige Aufgaben lassen sich zuordnen
- unterschiedliche Applikationen zur Aufgabenerfüllung notwendig
- Prozess ist nicht voll automatisierbar
- nötige Prozess- und Terminkontrolle

---

[8] siehe dazu auch Schnetzer 1997 S. 47
[9] siehe dazu auch Vogler 1996 S.346
[10] Vogler 1996 S.358

Idee

The best way to have a good idea is
to have a lot of ideas

Linus Pauling

4 WFMS aus Benutzersicht

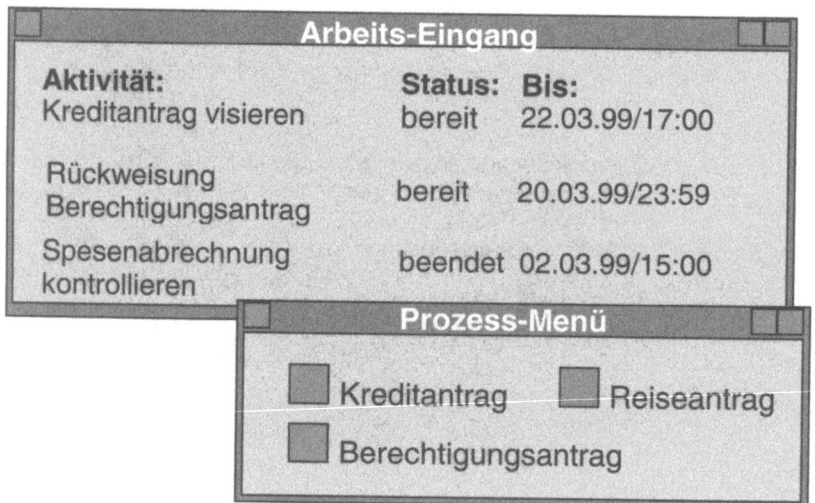

Abbildung 4: Desktop Integration – WMFS aus Benutzersicht

Am Beispiel der Bearbeitung eines Kreditantrages können die Elemente eines Workflows identifiziert werden: Ein Kreditantrag wird ausgelöst. Die Grunddaten werden erfasst. Der Antrag wird weitergeleitet und von anderer Stelle visiert. Im Workflow wird ein sogenanntes Rollenmodell beschrieben. Es macht keinen Sinn, die einzelnen Bearbeitungsschritte an namentlich benannte Personen unmittelbar zu koppeln. Bei jedem Personalwechsel oder jeder Umorganisation müssten alle Zuordnungen der Bearbeiter geändert werden. Deshalb wird für den Prozess ein Rollenmodell definiert. Weiter müssen für die Mitarbeiter in den entsprechenden Rollen auch Stellvertreter definiert werden.

- **WFMS aus Benutzersicht**

Der Einsatz eines Workflow-Management-Systems in der Laufzeitumgebung kann aus Benutzersicht wie folgt beschrieben werden. Auf dem Bildschirm des Mitarbeiters erscheinen beispielsweise nebenstehende zwei Fenster (*Windows*). Das erste Fenster zeigt im Sinn eines elektronischen Eingangskorbes den Posteingang resp. die eingetroffenen Arbeiten und die anstehenden Pendenzen. Durch Anklicken dieser Aktivitäten kann sich der Mitarbeiter detaillierte Informationen beschaffen, die zur Arbeit gehören. Das zweite Fenster enthält eine Anzahl Prozesse, welche der Mitarbeiter im Zusammenhang mit seiner Arbeit selbst auslösen kann. Durch Anklicken werden dem Mitarbeiter die für den Prozess nötigen Applikationen mit den bereits vorhandenen Daten automatisch gestartet. Damit wird ein weiterer Workflow initialisiert, welcher bei anderen Mitarbeitern entsprechende Pendenzen im Eingangsfenster auslöst resp. einträgt. Nebst der *Terminüberwachung* ergibt sich durch den Einsatz von *Verteilungsregeln* eine gleichmässige Aufteilung der Arbeit.

- **Desktop Integration[11]**

Desktop Integration soll am Arbeitsplatz des Benutzers verschiedene Applikationen zusammenführen. Der Benutzer soll dabei eine durchgängige Unterstützung seiner Arbeit erhalten. Die unterschiedlichen Applikationen werden entlang dem Geschäftsprozess arrangiert. Die Applikationen werden an einer bestimmten Stelle des Prozesses automatisch aufgerufen, die benötigten Informationen werden dargestellt, und gegebenenfalls werden Daten zwischen verschiedenen Applikationen ausgetauscht. Dem Benutzer wird eine einfache, einheitliche Oberfläche zur Verfügung gestellt.

---

[11] vgl. Derungs 1997

5 Gründe für den Einsatz von WFMS

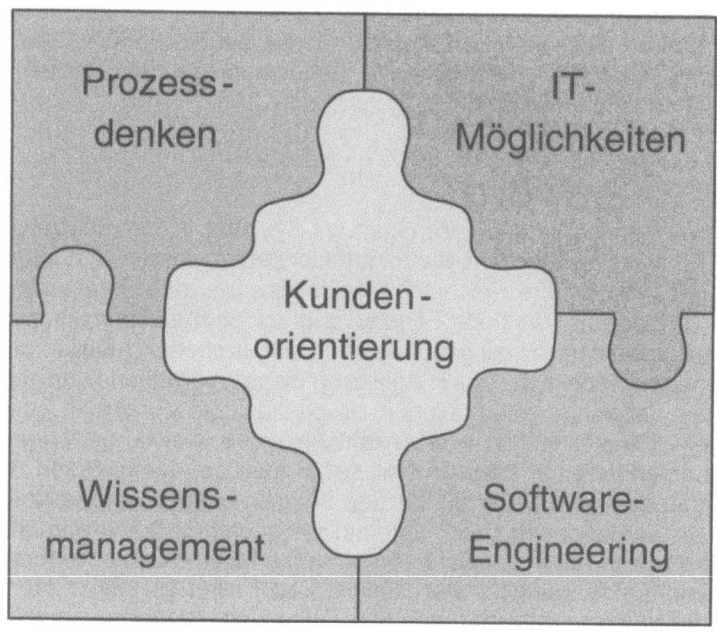

Abbildung 5: Gründe für den Einsatz von WFMS

- **Kundenorientierung**

Die Märkte haben sich von Verkäufer- zu Käufermärkten gewandelt. Im Zuge von BPR-Projekten werden die Unternehmensprozesse auf die Kunden ausgerichtet, d.h. Prozessschritte, welche für den Kunden keinen Mehrwert erbringen, werden gestrichen. Das Workflow-Management unterstützt diese Entwicklung durch konsequente Kundenorientierung der Prozesse, d.h. schnelle Abwicklung der Prozesse, hohe Transparenz und der damit verbundenen hohen Auskunftsbereitschaft.

- **Prozessdenken**

Im Zuge der BPR-Entwicklung hat sich das Prozessdenken etabliert. Damit verbunden ist ein zunehmender Bedarf an technologischer Unterstützung für neu ausgerichtete Prozesse. Zum Teil wird es erst durch den Einsatz von WFMS möglich, bestehende Prozesse effizienter und effektiver auszugestalten. Das Prozessdenken ist eine wichtige Antriebskraft, resp. Voraussetzung, um das ganze Potential zu nutzen.

- **IT-Möglichkeiten**

Die dynamische Entwicklung im IT-Bereich bietet für solche immer wiederkehrende Prozesse ganz neue Unterstützungen. So sind durch den Preiszerfall bei PC's, verbunden mit den enormen Leistungssteigerungen, in Kombination mit neuen Ideen der verteilten kooperativen Arbeitsweise (*Client-Server-Technologie*) sowie der *Internet-Technologie* ungeahnte Potentiale entstanden.

- **Software-Engineering**

Die Software-Entwicklung ist geprägt durch einen enormen *Anwendungs-Rückstau*, d.h. die Schere zwischen den betrieblichen Anforderungen des Unternehmens und der Auslieferung der dafür benötigten Applikationen öffnet sich stetig. Zudem weisen die bestehenden Applikationen eine ungenügende Flexibilität aus, um den sich rasch wandelnden Geschäftsanforderungen zu folgen. WFMS können hinsichtlich der Faktoren *Zeit* und *Flexibilität* Lösungen bringen.

- **Wissensmanagement**

Das *Wissensmanagement (Knowledge-Management)* ist eine noch junge Disziplin, welche sich einer der wichtigsten Ressource der Unternehmung annimmt – dem Wissen. WFMS können die verschiedenen Elemente eines Wissensmanagement-Prozesses unterstützen, begonnen bei der Wissensgewinnung über deren –nutzung und -verteilung bis zur -aufbewahrung.

6 BPR-Schmetterling

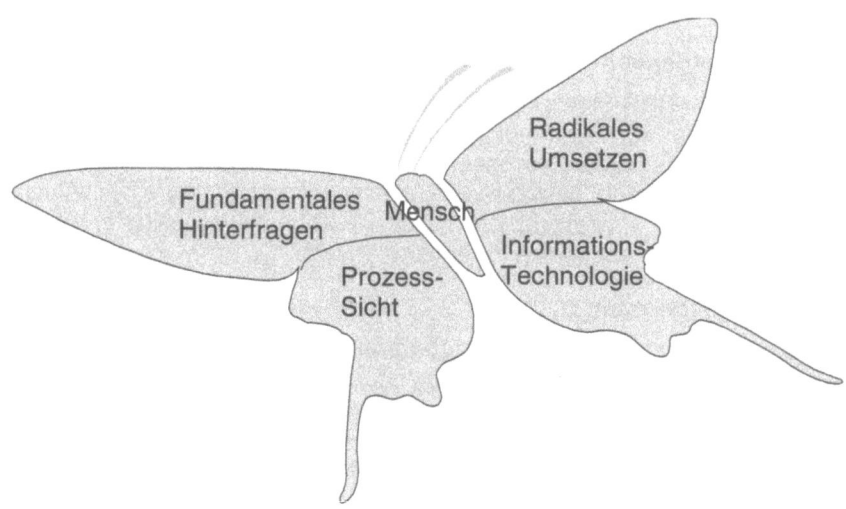

Abbildung 6: BPR-Schmetterling

Das BPR ist eine wichtige Voraussetzung, um Prozesspotential und IT (wie WFMS) voll zu nutzen. Die Business Process Reengineering-Schlüsselkomponenten werden symbolhaft als BPR-Schmetterling dargestellt: [12]

Der erste Flügel oben links ist der *Fundamental-Flügel*. Hier geht es um das fundamentale Hinterfragen im BPR: Warum machen wir die Dinge, die wir tun (Effektivität)? Und weshalb machen wir sie auf diese Art und Weise (Effizienz)?

Der zweite Flügel oben rechts heisst *Radikal-Flügel*. Zum fundamentalen Hinterfragen gehört als Gleichgewicht zum ersten Flügel auch das radikale Umsetzen. Dabei geht es nicht um das Optimieren, sondern um das radikale Vorgehen.

Der untere linke, dritte Flügel ist der *Prozess-Flügel*. Dabei handelt es sich um den Flügel der Prozess-Sicht. Ein Prozess ist definiert als Bündel von Aktivitäten, für das ein oder mehrere unterschiedliche Inputs benötigt werden und das für den Kunden ein Ergebnis von Wert erzeugt. Mit diesem Prozessdenken ist untrennbar die Kundenorientierung verknüpft.

Unten rechts befindet sich der vierte *Informationstechnologie-Flügel*. Die IT ermöglicht erst die Prozess-Sicht und somit das BPR. Sie ist Grundlage, damit der Schmetterling fliegen kann. Die wahre Kraft der IT liegt nicht in der Verbesserung alter Prozesse (bspw. Automatisierung oder *Elektrifizierung*), sondern darin, dass sie es Unternehmen ermöglicht, alte Regeln zu brechen und neue Arbeitsweisen aufzubauen.

In der Mitte befindet sich zudem der *BPR-Körper*. Dieser stellt die menschenbezogenen Aspekte dar. BPR sollte diese für unseren Kulturkreis berücksichtigen und auch Ideen der Arbeitsbereicherung und -erweiterung (*Job Enrichment, Job Enlargement*) einbeziehen. Dabei handelt es sich um einen wichtigen Aspekt, denn die sogenannten *weichen* Faktoren entscheiden oft über die Umsetzung und den Erfolg von Ideen.

Ein Schmetterling ist dank seiner vier Flügeln äusserst flexibel und reaktionsschnell und kann zu Höhenflügen ansetzen. Umgesetzt auf BPR bedeutet dies: nur wenn alle vier Flügelbereiche koordinierte Ziele eines BPR-Projektes sind, kann von BPR gesprochen werden. Zudem sollte der BPR-Körper resp. die menschenbezogenen Faktoren berücksichtigt werden. Denn nur zusammen können die erhofften Verbesserungen in Grössenordnungen erreicht werden.

---

[12] Schnetzer 1997

7 Potential von WFMS

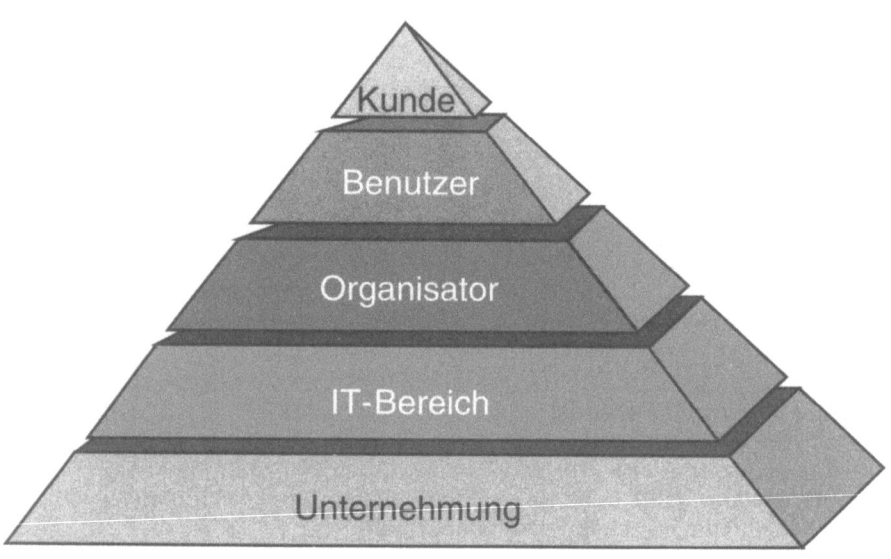

Abbildung 7: Potential von WFMS

Durch den zielgerichteten Einsatz von WFMS eröffnen sich verschiedene Potentiale für alle am Prozess Beteiligten.

- **Kunde**

Der Kunde profitiert von einer erhöhten und detaillierteren Auskunftsbereitschaft. Die Prozesse werden effizienter, d.h. schneller, besser und billiger sowie effektiver, d.h. der Kunde erhält das, was er wünscht. Zudem ermöglicht die Technologie dem Kunden die direkte Vernetzung mit dem Unternehmen, und damit wird auch die papierlose Kommunikation möglich.

- **Benutzer**

Für den Benutzer liegt das Potential in der Transparenz des Prozesses. Er weiss zu jedem Zeitpunkt, wie der Status des Kundenauftrages ist. Durch den klaren Überblick über Aufgaben, Verantwortlichkeiten und Prozesse sowie durch konsistente Funktionen in allen Prozessen ergibt sich eine leichte Erlernbarkeit sowie Benutzerfreundlichkeit des Systems. Mehrfacheingaben von Daten sowie Medienbrüche werden vermieden, was zu erhöhter Produktivität der Benutzer führt.

- **Organisator**

Dem Organisator eröffnen sich ganz neue Möglichkeiten bei der Modellierung, Analyse sowie der Kontrolle von Prozessen. Zudem können die Prozesse *auf Knopfdruck* dokumentiert werden. Das Berufsbild des ablauforientierten Organisators wandelt sich zum modernen *Process Engineer* als wichtiges Bindeglied zwischen den Fachbereichen und der Informatik.

- **IT-Bereich**

WFMS ermöglichen die Integration bestehender Applikationen. Bei der Entwicklung neuer Applikationen können bestehende Komponenten wiederverwendet werden. Dies senkt die Herstellungskosten sowie die Entwicklungsdauer und fördert die Standardisierung der *Services*. Die sich rasch verändernden Anforderungen des *Business* können somit rascher umgesetzt werden.

- **Unternehmung**

Für die Unternehmung schliesslich ergeben sich Produktivitätsvorteile durch die Reduktion von Transport-, Liege- und Bearbeitungszeiten. Mittels eines ganzheitlichen Prozessmanagement und dem Einsatz der Workflow-Technologie kann die Flexibilität der Unternehmung erhöht werden. Weiter werden die Geschäftsregeln eingehalten (Wissensmanagement). Neue Produkte und Dienstleistungen können schneller *(Time to Market)* und in höherer Qualität auf den Markt gebracht werden.

8 Risiken beim Einsatz von WFMS

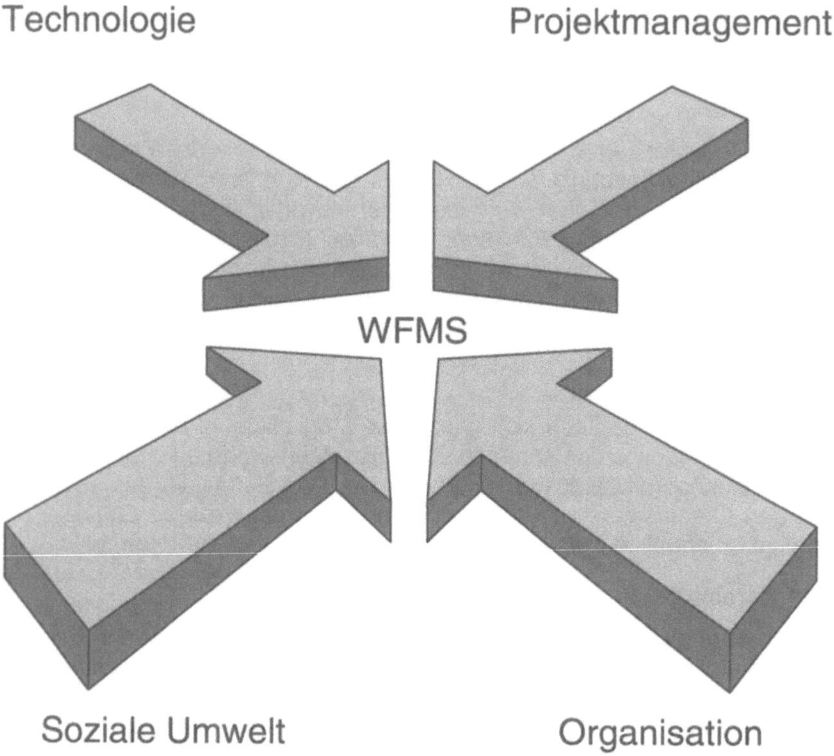

Abbildung 8: Risiken beim Einsatz von WFMS

Nebst den aufgezeigten Chancen bestehen aber auch Risiken beim Einsatz von WFMS.

- **Technologische Dimension**

Wenn essentielle Geschäftsprozesse mittels WMFS unterstützt werden, steigt damit die Abhängigkeit von der eingesetzten Technologie. Dies beginnt bei der Systemverfügbarkeit und reicht bis zum Zwang, Softwarereleases laufend mitzumachen. WFMS stellen hohe Anforderungen an die Netzwerk-Kapazitäten. Beim Einsatz von WFMS in grösseren Unternehmen hat sich gezeigt, dass der verteilte Betrieb auf mehreren Servern noch nicht befriedigend gelöst ist. Die Internet-Technologie eröffnet hier jedoch neue Perspektiven.

- **Dimension Projektmanagement**

Die Einführung von WFMS sind äusserst komplexe Vorhaben. Durch das Fehlen resp. der fehlenden Anwendung einer ingenieurmässigen Methode ergeben sich Abweichungen hinsichtlich Terminen, Funktionen und Kosten. Das Projektmanagement ist einer der kritischsten *Erfolgsfaktoren* für die Einführung eines WFMS.

- **Soziale Dimension**

Wie schon erwähnt wird das Prozess-Know-how der Mitarbeiter in die Systeme transformiert. Die Mitarbeiter könnten je nach Prozessdesign an ein *elektronisches Förderband* gesetzt werden. Die Schrittfolge ist von aussen vorgegeben. Zudem besteht durch die verschiedensten Auswertungstools die Möglichkeit, die Produktivität der Mitarbeiter sehr präzise zu messen (*Big brother is watching you - Problematik*).

- **Organisatorische Dimension**

Der heute nötige Aufwand WFMS einzuführen steht im Widerspruch zu der erhofften Flexibilität, welche durch den Einsatz der Technologie gewonnen werden soll. Veraltete Prozesse werden zudem oft zementiert. Dies führt zur Forderung, WFM als übergeordnete, betriebsorientierte Geschäftsfall-Ablaufsteuerung anzuerkennen. Durch die Definition der Prozesse geht unter Umständen auch *überflüssiges* Know-how verloren. Das Know-how wird in die Prozesse transformiert, die Beteiligten *verlernen* den Prozess.

Vorgehen

Achte auf Deine Gedanken!
Sie sind der Anfang Deiner Taten.

Chinesisches Sprichwort

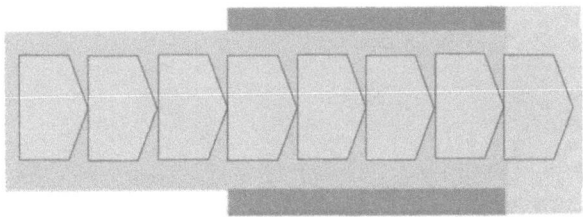

9 Gesamtmodell

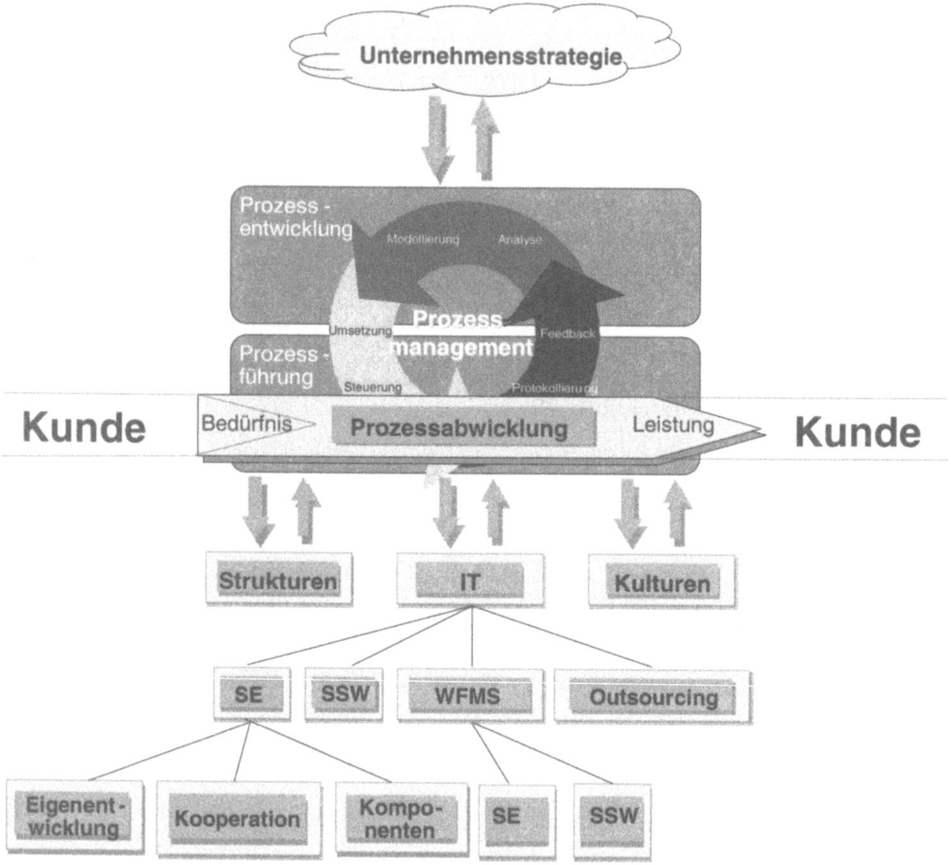

Abbildung 9: Gesamtmodell

Das Gesamtmodell spannt den Bogen bewusst weit. Ausgangspunkt ist die Unternehmensstrategie. Die *Unternehmensstrategie* definiert die Anforderungen an die Geschäftsprozesse[13]. Es stehen verschiedene Methoden (z.B. *BPR*) zur Verfügung, um aus der Geschäftsstrategie die Prozesse zu gestalten. Die Prozesse stehen in Wechselwirkung zur Informationstechnologie, der Unternehmensstruktur sowie der Unternehmenskultur.

Die *Unternehmensstruktur* wird über organisatorische Massnahmen wie Stellenbeschreibungen, Arbeitsanweisungen und Organigramme definiert. Die *Unternehmenskultur bedient* sich unter anderem Wert- und Anreizsystemen, um die Unternehmensstrategie umzusetzen. Die Betroffenen sollen zu Beteiligten gemacht werden.

Innerhalb der *IT* können die Geschäftsanforderungen aus den Prozessen mittels verschiedenen Ansätzen realisiert werden.

- **Software Engineering (SE)**

Oft wurden (v.a. in grösseren Betrieben) die Geschäftsanforderungen direkt mittels dem Eigenbau von Applikationen umgesetzt. Die Unternehmen unterhalten eigene Informatikabteilungen, welche die Geschäftsanforderungen in Applikationen umsetzen, diese warten und erweitern. Vermehrt werden Applikationen mittels *Komponenten* oder *Kooperationen* erstellt.

- **Standardsoftware (SSW)**

Die verschiedenen Risiken, Applikationen selbst zu erstellen, führten zu einem *Boom* beim Einsatz von Standardsoftware. Man verspricht sich eine schnellere Realisierung sowie grössere Flexibilität hinsichtlich der sich rasch ändernden Geschäftsanforderungen.

- **Outsourcing**

Die fortschreitende Standardisierung von Schnittstellen führte zu neuen Möglichkeiten, Informatikservices (Rechenzentren, Netze, Support) sowie die Applikationsentwicklung und auch den Betrieb von Applikationen an Dritte auszulagern.

- **WFMS**

Mittels Einsatz von WFMS können als Zwischenebene Geschäftsanforderungen aus der Prozess-Entwicklung umgesetzt werden. Abschliessend sei erwähnt, dass schliesslich auch bei der Wahl eines WFMS die Optionen *Eigenbau* und *Einkauf von Standardsoftware* offenstehen, respektive die im *Workflow* benutzten IT-Applikationen Eigenbau oder gekauft sein können.

---

[13] Österle 1995

10 Methodisches Vorgehen

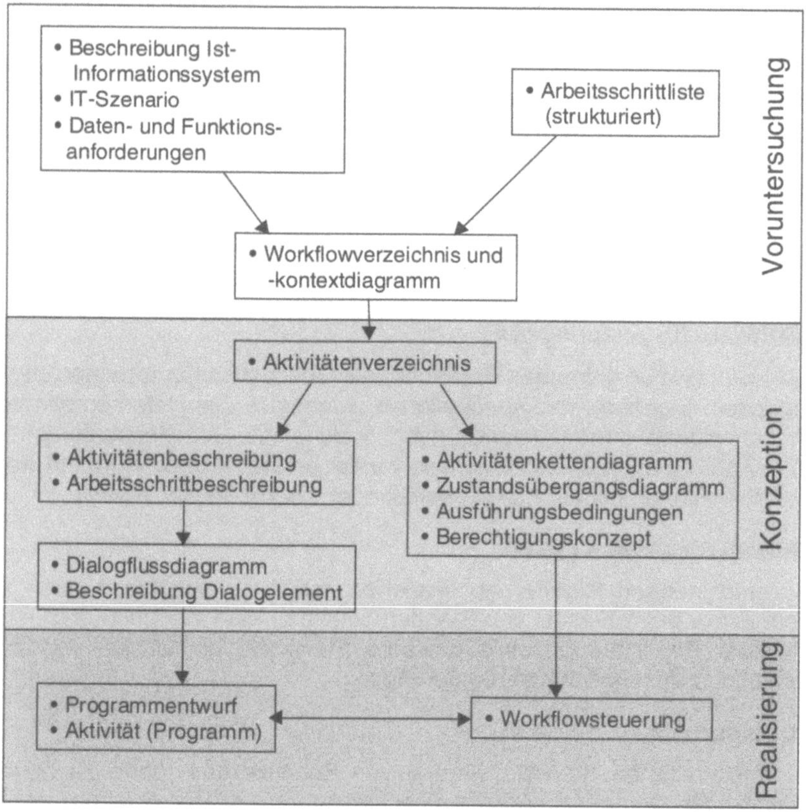

Abbildung 10: Beispiel eines Vorgehensmodells

Von grossem Interesse für die Umsetzung mittels WFMS sind die aus dem Prozessentwurf vorliegenden Ergebnisse. Für den Übergang sind zwei Wege denkbar[14]:

- die Prozessumsetzung folgt anschliessend an den Prozessentwurf
- der Prozessentwurf und Prozessumsetzung laufen nebeneinander ab resp. die Prozessumsetzung erfolgt so früh wie möglich

Folgende drei Phasen zeigen beispielhaft ein mögliches Vorgehen:

1. Voruntersuchung

In dieser Phase werden die Anforderungen aus dem Prozessentwurf an das Informationssystem (Daten und Funktionen) abgeklärt und Massnahmen geplant, um einerseits Lücken zu beheben und andererseits seitens des Prozessentwurfs den Rahmen abzustecken (Was für Rahmenbedingungen bestehen in Hinblick auf die IT? Welche IT-Lösungen sind schon vorhanden? Welche Mittel müssen beschafft werden?). Diese Phase kann auch als IT-Abgleich von Prozess-Anforderungen bezeichnet werden.

2. Konzeption

Ziel dieser Phase ist es, aufgrund von Aufgabenketten (aus dem Prozessentwurf) in bezug auf den Ablauf den Workflow weiter detailliert zu spezifizieren. Ausgangspunkt ist die Identifikation der Aktivitäten. Danach lassen sich mehr oder weniger unabhängig voneinander einerseits ihre Ablauffolge und die Ausführungsberechtigungen und andererseits ihre Detailbeschreibung und Dialogspezifikation entwerfen. Diese Phase heisst auch *Workflowplanung.*

3. Realisierung

Ähnlich wie die Konzeption verfolgt auch die Realisierung eine Zweiteilung. So implementiert sie die Aktivitäten als Programme im Sinn der Desktop-Integration, ausgehend von einem Programmentwurf. Parallel dazu parametrisiert sie das Workflow-Management-System nach Vorgabe der Konzeption. Abschliessend bindet sie die Programme als Aktivitäten in die Workflowsteuerung ein. Diese Phase nennt sich auch Detailspezifikation der Integration.

---

[14] Das Kompetenzzentrum „Prozess- und Systemintegration" (CC PSI) des Instituts für Wirtschaftsinformatik der Universität St. Gallen hat dazu mehrere Arbeiten und eine Methode hervorgebracht, vgl. z.B. Derungs 1997 S. 132

11 WFMS-Rollen und Bedeutung für das BPR

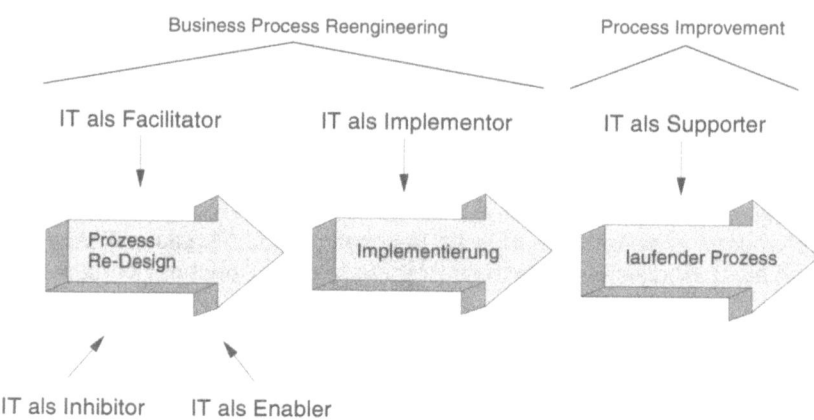

Abbildung 11: WFMS-Rollen und Bedeutung für das BPR

Insgesamt ergeben sich fünf Rollen, welche die IT einnehmen kann[15]. In der Abbildung sind diese fünf Rollen im Zusammenspiel mit drei idealisierten Phasen (*Redesign*, Implementierung und laufender Prozess) ersichtlich[16]. Die ersten beiden Phasen sollen die zwei prinzipiellen Schritte in einem BPR darstellen. Im Gegensatz dazu steht das *Business Process Improvement* als laufende Optimierung.

Die IT kann im BPR verschiedene Rollen einnehmen. Die WFMS bieten beispielsweise Möglichkeiten zur direkten Unterstützung des BPR-Prozesses, und zwar im speziellen im Bereich des Prozess-*Redesigns*. Dabei ist von der **Facilitator**-Rolle die Rede. Sämtliche IT-Analyse-, Modellierungs- und Simulationswerkzeuge werden als *Facilitator* bezeichnet.

Die IT bietet auf der inhaltlichen Ebene weitaus effektivere Potentiale. So werden durch den Einsatz eines modernen WFMS neue Arbeitsweisen ermöglicht. Es kann so weit kommen, dass die Potentiale der IT ein BPR auslösen. In diesem Zusammenhang wird von der **Enabler**-*Rolle* gesprochen.

Fehlt eine solche IT, kann sie zu einem *Verhinderer* einer innovativen Lösung werden. Dies wird als **Inhibitor**-*Rolle* bezeichnet.

Weiter kann die IT auch eine **Implementor**-*Rolle* einnehmen. Beispiele dazu sind die Umsetzung von Prozessmodellen in lauffähige Prozesse durch *CASE-Tools* oder WFMS.

Die IT-Unterstützung des in der täglichen Arbeit ablaufenden Prozesses kann schliesslich als **Supporter**-*Rolle* bezeichnet werden.

Im Prozessentwurf ist die *Enabler-Rolle* die wichtigste. Die IT ermöglicht neue Arbeitsweisen. Auch können so Prozesse verändert oder neu gestaltet werden. Die IT löst dadurch einen Prozessentwurf aus. HAMMER + CHAMPY[17] beschreiben als Möglichkeit, neue Potentiale zu finden, das sogenannte induktive resp. innovative Denken. Dabei wird auch von der Idee ausgegangen, dass die IT, welche noch nicht käuflich ist, grosse Potentiale bietet. Die IT ist somit nicht nur der *Ermöglicher*, sondern auch ein *Auslöser*. Durch das Vorhandensein der IT wird eine Gelegenheit geschaffen, etwas zu tun. WFMS ist eine Informationstechnologie, welche alle diese Rollen einnehmen kann.

---

[15] Davenport 1993 S.49 und Schwarzer 1994 S.32
[16] Schnetzer 1998 S. 16
[17] Hammer + Champy 1994 S.113ff.

12 Drei Komponenten eines WFMS

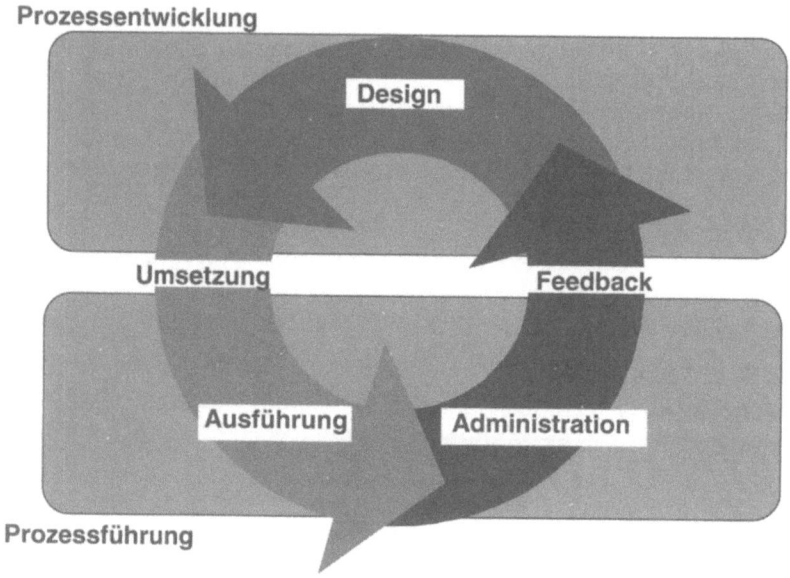

Abbildung 12: Die drei Komponenten eines WFMS

Das Prozessmanagement umfasst die Prozessgestaltung und Prozess(aus)führung[18]. Workflow-Management läuft, als Spezialfall des Prozessmanagements, in der *Idealform* nach dem nachfolgend dargestellten Zyklus ab[19]. In der Darstellung sind drei Teilzyklen zu erkennen. Der erste Teilzyklus umfasst die Modellierung und Analyse (inklusive Animation und Simulation), der zweite die Umsetzung und Steuerung und der dritte schliesslich die Administration (Protokollierung und Feedback).

1. **Teilzyklus 1: Design**

    Ein vorstellbarer Einstiegspunkt zur Prozessgestaltung ist die Ist-Modellierung eines existierenden Prozesses, an die sich eine Analyse von dessen Stärken und Schwächen anschliesst. Weiter können die Animation und Simulation Hinweise auf weitere Analyseschritte geben. Aufbauend auf den Analyseergebnissen und unternehmensspezifischen Prinzipien erfolgt anschliessend die Soll-Modellierung. Vor allem bei einem BPR-Vorhaben ist der Teilzyklus 1 von entscheidender Bedeutung. Alle WFMS haben eine Modellierungskomponente, wobei hierzu geeignetere, spezialisierte Tools existieren.

2. **Teilzyklus 2: Ausführung**

    Der neu modellierte Prozess wird nun, beispielsweise mittels eines Workflow-Management-Systems, in einen lauffähigen Prozess umgesetzt. Die Steuerung des Workflows kann IT-unterstützt ablaufen. Hier können ebenfalls WFMS weiterhelfen. Prinzipiell ist auch dieser zweite Teilzyklus IT-unabhängig durchführbar. Die Umsetzung könnte mittels Arbeitsanweisungen erfolgen. Die Modelle würden hierfür ausformuliert. WFMS haben im Teilzyklus 2 resp. in der Unterstützung der Prozessausführung ihre Domäne.

3. **Teilzyklus 3: Administration**

    Im Administrationszyklusteil werden Daten resp. Informationen über den abgelaufenen Workflow festgehalten. Es kann sich hierbei um Transport- und Liegezeiten, um Kosten oder um weitere Fakten wie die ausführende Stelle oder angesprochene Applikationen handeln. Diese Informationen können beispielsweise für eine Revision benützt werden. Besonders interessant ist die Perspektive, dass mittels einer Feedbackschlaufe diese Daten zurück ins Modell und in die Analyse fliessen, um so eine Optimierung vornehmen zu können. Erst nach diesem Schritt kann von einem ganzheitlichen Prozessmanagement gesprochen werden. WFMS bieten dazu spezielle Funktionalitäten an (Rollenmodelle, Statistiken).

---

[18] vgl. Schnetzer 1997 S. 64
[19] Heilmann 1994 S.12, siehe dazu auch den *Workflow-Life-Cycle* von Scheer + Galler 1994 S.103

13 Modellierung eines Geschäftsfalles

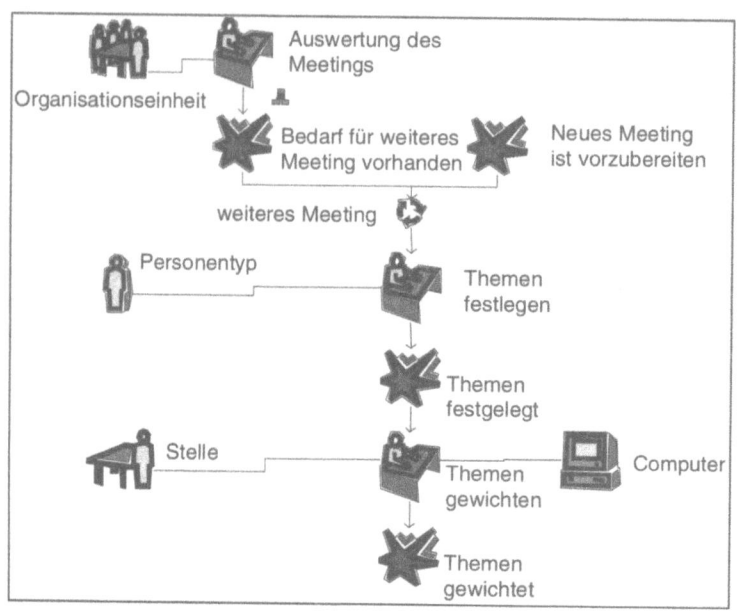

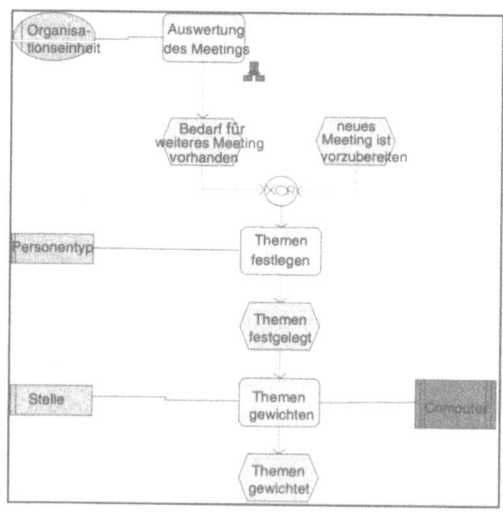

Abbildung 13: Darstellung und Modellierung eines Geschäftsfalles

Um einen Geschäftsprozess in ein IT-System zu integrieren, muss er zuvor modelliert werden. Zahlreiche Worfklow-Management-Systeme verfügen über eine integrierte Modellierungskomponente. Nebst den integrierten Modellierungskomponenten können aber auch spezielle Modellierungswerkzeuge wie etwa ARIS (Architektur integrierter Informationssysteme)[20] oder der IBO Ablaufprofi [21] eingesetzt werden. Prozessentwurfs-Projekte werden durch den Einsatz von Modellierungs- und Analyse-Tools gezielt unterstützt.

Es existieren viele mögliche Prozessdarstellungsarten:

- Flussdiagramme
- Folgestrukturen
- Petri-Netze
- Folgeplan
- Aufgabenkettendiagramme
- Zustandsübergangsdiagramme
- Ereignisgesteuerte Prozessketten (EPK's).
- etc.

Aus der Abbildung sind zwei Möglichkeiten der Darstellung des gleichen Prozesses ersichtlich. Es handelt sich um die Planung eines Meetings. In der ersten Darstellung wird mit selbstsprechenden Icons gearbeitet, welche auch für Fachvertreter und Manager intuitiv verständlich sind. Diese Darstellung ist für die technisch weniger versierten Benutzer gedacht. Sie eignet sich z.B. für die Optimierung bestehender Prozesse oder für die Mitarbeiterausbildung Die zweite Darstellungsart, eine Ereignisgesteuerte Prozesskette (EPK), ist das Arbeitsinstrument der Informatik- und Organisationsspezialisten. In einem EPK folgt auf ein Ereignis ein Prozessschritt, welcher wiederum in einem Ergebnis resultiert. Zu diesem Grundgerüst können je nach Problemstellung weitere Objekte wie Organisationseinheiten, IT-System etc. hinzugefügt werden. Für den WFMS-Einsatz werden auch weitere spezifische Informationen ergänzt.

Die Wahl der Darstellung hängt von verschiedenen Faktoren ab:

- Verständlichkeit
- Benutzerfreundlichkeit
- Toolverfügbarkeit
- Vorhandene Resultate
- Lernaufwand
- Verbreitung
- Vorhandenes Know-how
- Eventuelle Standards
- Zielsetzung der Darstellung:
  ☐ Minimalinformationen
  ☐ spezifische Informationen (bspw. für WFMS-Umsetzung)
- Wiederverwendbarkeit der Modellierungsresultate
- Abhängigkeiten zu anderen Darstellungen

---

[20] ARIS-Toolset © IDS, Saarbrücken
[21] IBO-Ablaufprofi © Software GmbH, Wellenberg

14 Entwicklung des Software-Engineerings

Abbildung 14: Trennung von Daten, Funktion und Steuerung

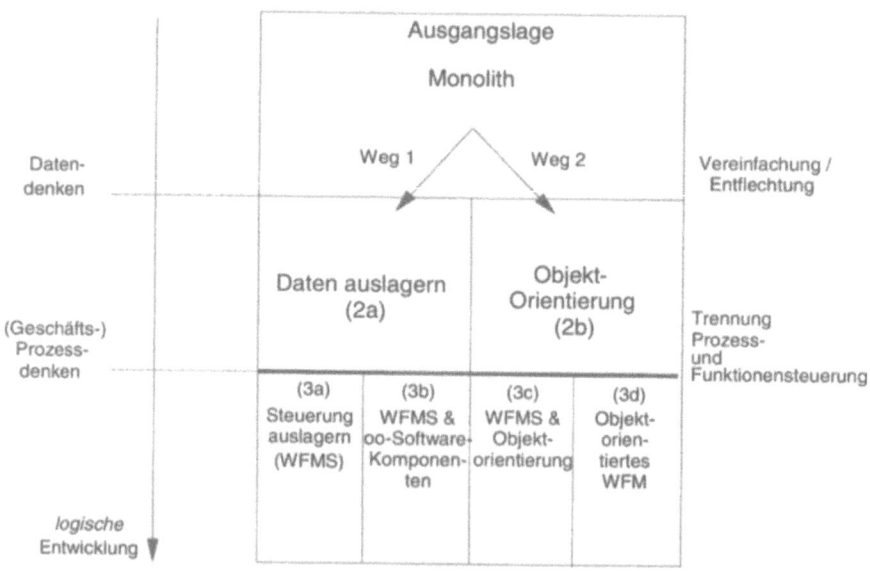

Abbildung 15: Entwicklung des Software-Engineerings

Wenn WFMS konsequent eingesetzt werden, hat dies auch Auswirkungen auf die Softwareentwicklung. Die Grafik zeigt diese Entwicklung als logische Folge der Evolution im Software-Engingeering. Die Applikationen, Daten und Steuerfunktionen müssen dazu voneinander getrennt sein, um die Austauschbarkeit der einzelnen Komponenten zu ermöglichen. In der Vergangenheit waren Funktionen, Steuerung und Daten eine Einheit. Gegenwärtige Anwendungen basieren vielfach auf in Datenbanken ausgelagerten Daten. Zukünftig wird zusätzlich die Steuerung (in WFMS) ausgelagert, was entsprechend bei der Entwicklung von Software berücksichtigt werden muss.

Als Ausgangslage werden grosse monolithische IT-Systeme betrachtet. Diese beinhalteten alle Komponenten, nämlich Funktionen, Daten und Steuerung. Danach sind in der Folge vor allem zwei wesentliche Entwicklungen zu erwähnen[22]:

Vereinfachung / Entflechtung

Erstens führten die intransparenten, schwer wartbaren und komplexen Monolithen zum Bedürfnis der Vereinfachung. Dazu wurden zwei Wege eingeschlagen. Der erste umfasst das Auslagern der Daten in Datenbank-Management-Systeme und der zweite Weg die Idee der Objektorientierung.

Trennung von Prozess- und Funktionssteuerung

Zweitens bedingt das zunehmend wichtige (Geschäfts-) Prozessdenken eine explizite Trennung von Prozess- und Funktionensteuerung. Dies führt einerseits zur Idee der WFMS. Im Zusammenhang mit der Objektorientierung sind daher als Folge der zunehmenden Prozessdenkweise verschiedene Szenarien vorstellbar.

Bei der konsequenten Umsetzung dieser Gedanken, hat dies tiefgreifende Einflüsse auf das Software-Engineering. Die Applikationssteuerung geschieht durch das WFMS und nicht mehr durch Programmcode der Applikation.

Auf der folgenden Seite werden die resultierenden Konsequenzen auf das Software-Engineering[23] aufgezeigt.

---

[22] Schnetzer 1997 S. 56
[23] Schnetzer 1997 S. 58

15 Konsequenzen für das Software-Engineering

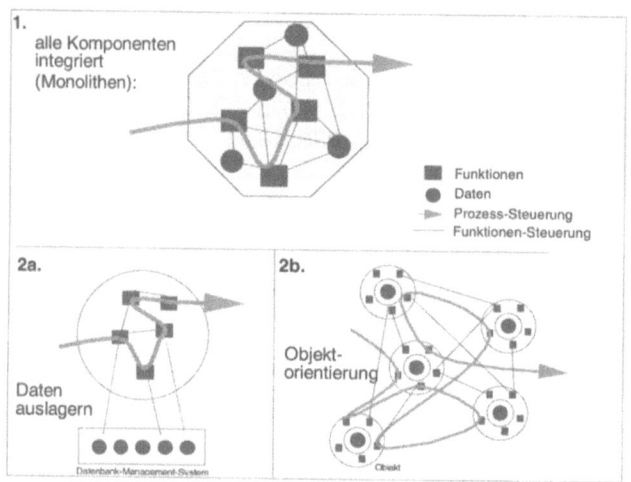

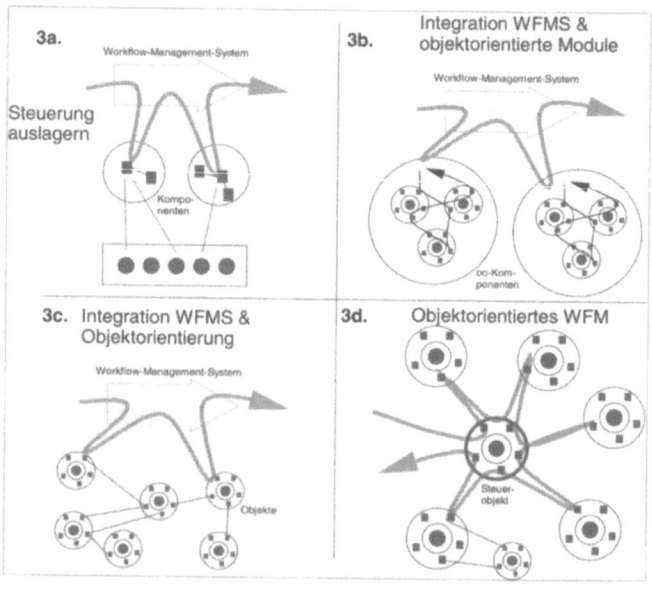

Abbildung 16: Konsequenzen für das Software-Engineering

Weg 1: Daten auslagern

Darstellung 2a zeigt folgende Entwicklung: In einem ersten Auslagerungsschritt wurden die Daten herausgelöst, um mittels Datenbank-Management-Systemen diese separat in Datenbanken zu verwalten.

Weg 2: Objektorientierung

Darstellung 2b befasst sich mit der Objektorientierung: Diese geht davon aus, dass ein Problem in kleinere Problemeinheiten zerlegt werden kann, um dann die Teilprobleme einfacher zu lösen. Dies führte zur Idee, dass kleine abgekapselte Objekte jeweils autonom für die Lösung eines Problems resp. für die Ausführung einer Tätigkeit mittels Funktionen zuständig sind.

Szenario 3a: WFMS

Die Steuerung erfolgt in diesem Szenario durch das WFMS, was eine Orientierung an den Prozessen im Sinn des WFM voraussetzt. Dazu werden kleinere Softwarekomponenten, welche einen Arbeitsschritt umfassen, durch das WFMS zu einem gesamtheitlichen Prozess zusammengefügt.

Szenario 3b: Integration WFMS & objektorientierte Module

Als erste Integrationsform kann ein WFMS jeweils Softwarekomponenten anstossen, welche in sich geschlossen, als Funktion, objektorientiert einen Arbeitsschritt ausführen. Die Prozesssteuerung bleibt im WFMS. Die technische Implementation der einzelnen Softwarekomponenten wird aber objektorientiert vorgenommen.

Szenario 3c: Integration WFMS & Objektorientierung

Die zweite Integrationsform zeigt, wie ein WFMS einzelne Objekte anstösst: Die Objekte können im Unterschied zur Darstellung 3b (teil-) autonom sein und auch mit anderen Objekten kommunizieren, was allerdings wieder zu einer Intransparenz führen kann.

Szenario 3d: Objektorientiertes WFM

Sollte die Objektidee konsequent umgesetzt werden, so bietet sich potentiell folgende Lösung an: Einem *Steuerobjekt* oder *Controller-Objekt* unterliegt die Kontrolle über den geschäftsrelevanten Prozess.

Tools

Moderne Informationstechnologie,
die dem neusten Stand der Technik entspricht,
ist ein wesentlicher Träger jedes Reengineering-
Prozesses, da sie den Unternehmen ermöglicht,
ihre Unternehmensprozesse neu zu gestalten.

Michael Hammer

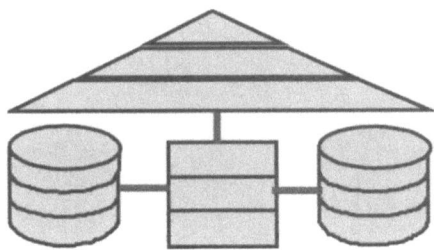

16 Überblick Prozessmanagement - Tools

> **Computer Supported Cooperative Work (CSCW)**
> ist ein Forschungsgebiet, welches auf interdisziplinärer Basis untersucht, wie Individuen in Arbeitsgruppen oder Teams zusammenarbeiten und wie sie dabei durch Informations- und Kommunikationstechnologie unterstützt werden können.
>
> **Groupware bzw. CSCW-Applikationen**
> sind aus Software und eventuell spezifischer Hardware bestehende Systeme, durch die Gruppenarbeit unterstützt oder ermöglicht wird. (Workgroup-Computing + WFMS)

Definition 5: Computer Supported Cooperative Work und Groupware

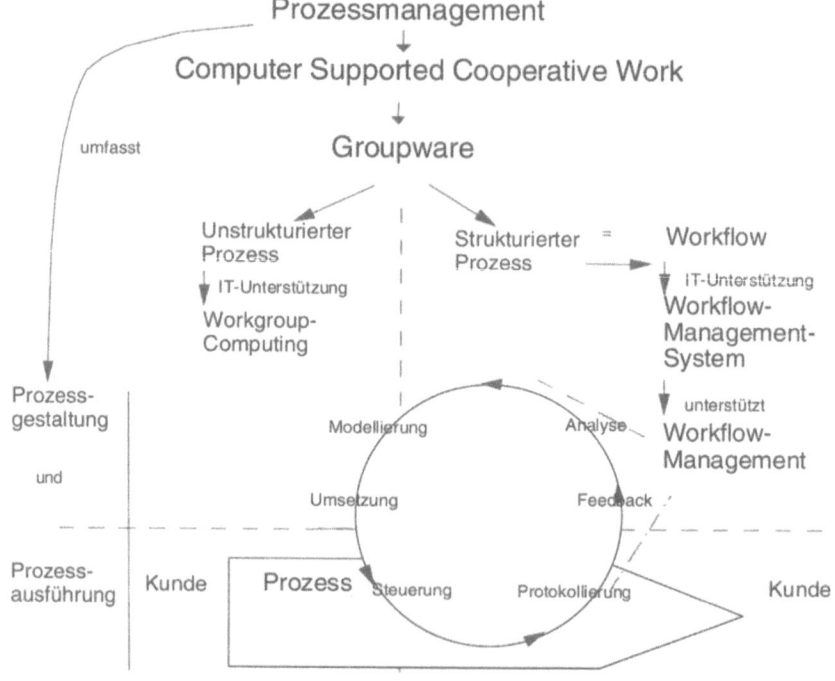

Abbildung 17: Überblick Prozessmanagement

Das Prozessmanagement umfasst die Prozessgestaltung und Prozessausführung. Wenn die Prozessausführung mit Informations- und Kommunikationstechnologie unterstützt wird, spricht man von *Computer Supported Cooperative Work* (CSCW)[24]. Unter *Groupware* bzw. CSCW-Applikationen werden Software und eventuell spezifische Hardware verstanden, durch die Gruppenarbeit unterstützt oder ermöglicht wird[25].

Workgroup-Computing

Das Teilgebiet *Workgroup-Computing* befasst sich wie abgebildet mit dem Bereich der unstrukturierten Prozesse, wie Verhandlungen oder Diskussionen. Ein bekanntes Beispiel für eine solche Anwendung ist *Lotus-Notes*. Die in diesem Buch beschriebenen WFMS decken hingegen den Bereich der strukturierten Prozesse ab.

Workflow-Management-Systeme

Workflows sind spezielle Prozesse, welche stark strukturiert, arbeitsteilig und sich oft wiederholend ablaufen. Das Workflow-Management basiert zur Führung resp. Ausführung dieser Prozesse (resp. Workflows) auf der Idee des umfassenden Prozessmanagements. Der sogenannte Workflow-Management-Zyklus umfasst die Modellierung, die Analyse, die Umsetzung, die Steuerung, die Protokollierung und die Feedbackschlaufe. WFMS unterstützen als IT-Mittel das Workflow-Management. Die nachfolgende Abbildung zeigt den teilweise fliessenden Übergang:

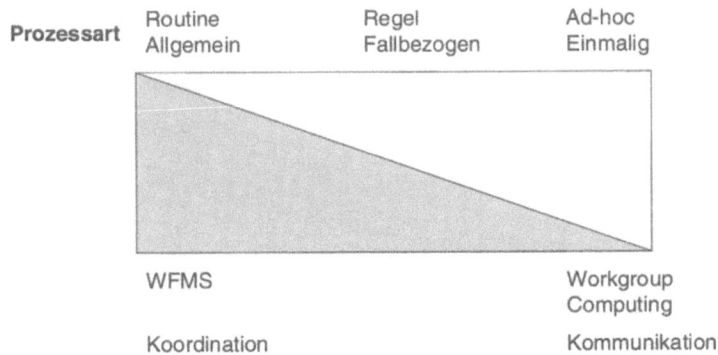

Abbildung 18: Prozessart und technische Implementierung

---

[24] Teufel et al. 1995
[25] Vossen + Becker 1996

17 Abgrenzungen: Grundkonzepte Interaktion

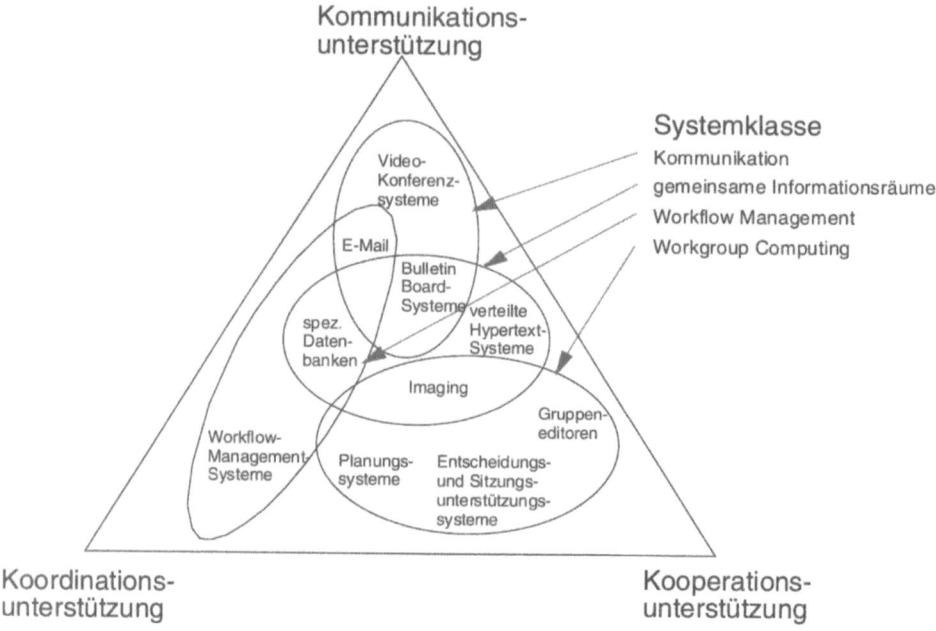

Abbildung 19: Computerunterstützte Gruppenarbeit: - Klassifikationsschema

Interessant ist eine Einordnung der IT-Mittel nach der Betonung auf eine Unterstützungsfunktion. Wenn Menschen miteinander arbeiten, dann sind die folgenden drei Dimensionen als Grundkonzepte der Interaktionen wichtig: *Kommunikation, Koordination* und *Kooperation*.

Kommunikation → Verständigung untereinander
Koordination → Abstimmen der Aktivitäten
Kooperation → Zusammenarbeit

Die IT-Unterstützung kann sich prinzipiell auf diese drei Dimensionen konzentrieren. Im nebenstehenden Klassifikationsschema sind die heute üblichen *Groupwaretypen* auf diese Art positioniert.

Aus der Abbildung wird ersichtlich, dass die Systemklasse Workflow-Management, also die Idee des Workflow-Managements, eine Umsetzung mit verschiedenster IT erlaubt. Als Beispiele sind E-Mail-Systeme, spezielle Datenbanken und WFMS erwähnt. Durch die Positionierung der WFMS wird die primäre Unterstützung der Koordination unterstrichen.

Als weitere Systemklassen sind gemeinsame Informationsräume (bspw. *Bulletin-Board-Systeme*[26]), spezifische Kommunikationsunterstützungen (bspw. Videokonferenzen) und Workgroup-Computing (bspw. Planungssysteme) abgebildet. Auch in dieser Darstellung sind die Übergänge zwischen den Systemklassen fliessend, was durch die Überschneidungen angedeutet wird.

Ein *Prozessredesign* kann von verschiedensten IT ausgelöst werden, welche die Gruppenarbeit unterstützen. An eine solche IT werden Anforderungen an die Effizienz, Flexibilität, Transparenz, Offenheit und Integration sowie auch Anforderungen an die humane resp. soziale Gestaltung gestellt. Auf die für WFMS spezifischen Anforderungen wird in Kapitel 23 näher eingegangen.

---

[26] Zur Vorstellung und Diskussion dieser und weiterer *Groupware* sei auf Teufel et al. 1995 verwiesen.

18 WFMS-Generationen

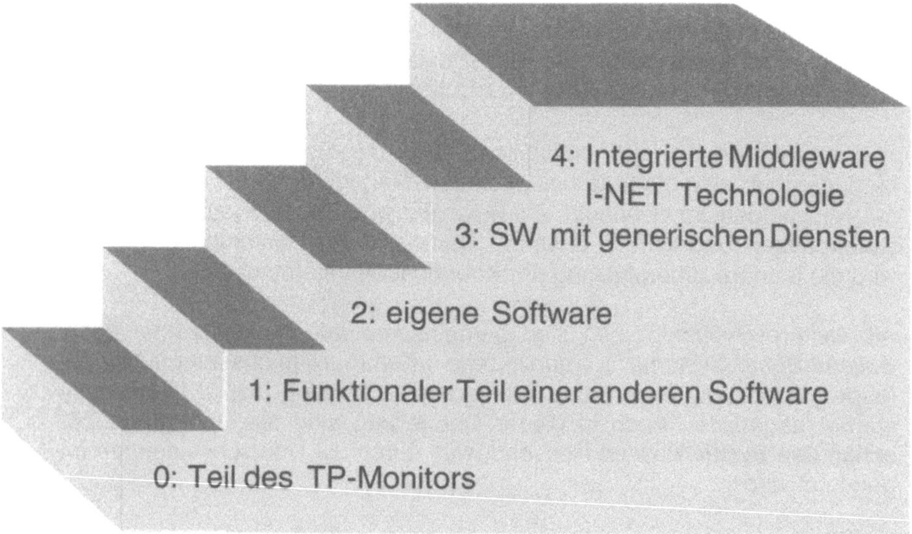

4: Integrierte Middleware I-NET Technologie
3: SW mit generischen Diensten
2: eigene Software
1: Funktionaler Teil einer anderen Software
0: Teil des TP-Monitors

Abbildung 20: WFMS-Generationen

Generation Null[27]

Aus heutiger Sicht können die TP (Transaction Processing)-Monitore in den Grosssystemen mit ihren Kontrollflussbeschreibungen durchaus im Sinn des Workflow-Management als Vorgänger der WFMS gesehen werden.

Erste Generation

Hier sind die sogenannten ersten WFMS zwar noch funktionaler Teil einer anderen Applikation (bsp. *Imaging*), doch sind bereits erste Komponenten von später separaten Teilen erkennbar. So ist beispielsweise, neben der expliziten Prozess-Sichtweise, die spezifische Berücksichtigung eines Posteingangskorbes zu finden. Die Prozesse sind aber, trotz der Idee des Workflow-Management, noch fest in die Programme eingebunden (*Hardcoded*).

Zweite Generation

Der Übergang von der ersten zur zweiten Generation enthält den wesentlichen Schritt zur eigenständigen Applikation resp. zum eigenen Tool. Aufbauend auf den Workflow-Management-Ideen der ersten Generation sind die Funktionalitäten erstmals nicht mehr Bestandteil einer umfassenderen Applikation, sondern es besteht explizit ein eigenes System.

Dritte Generation

Bei dieser dritten Generation handelt es sich um die momentan aktuellen Produkte resp. IT-Werkzeuge, welche auf dem Markt unter der Bezeichnung WFMS angeboten werden. Die generischen Dienste, welche universell für *alle* Prozesse eingesetzt werden können, umfassen prinzipiell die drei Elemente der grafischen Modellierung, der Steuerung resp. Ausführung und der administrativen Verwaltung von Prozessen.

Vierte Generation

Die Idee mit dem integrierten *Middleware Service* ist nur eine denkbare Zukunftsvariante. Es kann durchaus sein, dass eine andere, unerwartete oder nicht so nahe liegende Entwicklung einsetzen wird. Auch sind noch weitere Zwischengenerationen vorstellbar, bevor diese Zukunftsvision erreicht wird. Solche Systeme sind noch nicht verfügbar.

Zur Zeit scheinen Internet-basierte WFMS die erfolgversprechende Zukunftsvariante zu sein.

---

[27] Vgl. Schnetzer 1997 S. 68

19 WFMS und Modellierungs-Tools

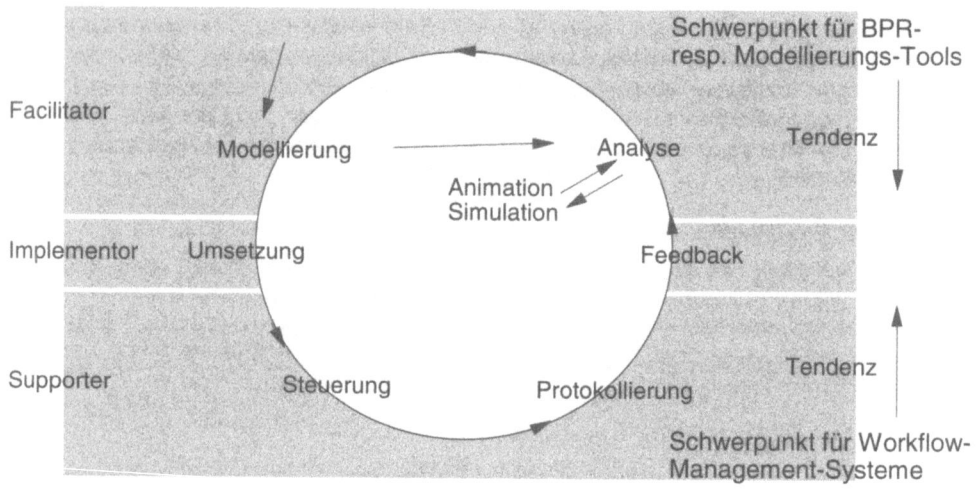

Abbildung 21: WFMS und Modellierungs-Tools

Im Zusammenhang mit den beschriebenen Modellierungs-Tools ist das Zusammenwirken zwischen BPR-Tools und WFMS interessant. BPR-Tools bieten flexible Modellierungs- und Analysemöglichkeiten, welche oft mit Animations- oder Simulationsfunktionalitäten ergänzt werden. Damit nehmen die BPR-Tools als Facilitatoren eine Erleichterung des Prozessgestaltens, das heisst des *oberen* Zyklusteiles, wahr. WFMS unterstützen vor allem als Implementoren die Umsetzung von Modellen zu lauffähigen Systemen, steuern diese in der Supporter-Rolle in der täglichen Arbeit und stellen Daten zur weiteren Analyse zur Verfügung (Protokollierung). Aus der Graphik ist dazu ersichtlich, dass WFMS primär die *unteren* Zyklusaktivitäten zur Prozessausführung unterstützen. Somit sind zwei Schnittstellen auszumachen.

1. Umsetzung
Die erste Schnittstelle umfasst die Übergabe der Prozessmodelle (Facilitator-Rolle der IT), um diese in einen lauffähigen Prozess umzusetzen (Implementor-Rolle). Als Beispiel für die Modellübergabe sei hier eine spezielle *Brückenkomponente* zwischen ARIS-Toolset und MQ Series Worflow [28] erwähnt, wobei MQ Series Worflow die endgültige Umsetzung in einen lauffähigen Prozess vornimmt.

2. Feedback
Die zweite Schnittstelle übergibt die im laufenden Prozess protokollierten Daten (Supporter-Rolle) zur Analyse wieder in ein BPR- resp. Modellierungs-Tool. Auf diese Weise ist es möglich, aufgrund von weiteren Simulationen den Prozess zu optimieren (Facilitator-Rolle).

Die auf dem Markt erhältlichen Tools weiten ihre Funktionalitäten entsprechend den Tendenzpfeilen aus. So orientieren sich BPR- resp. Modellierungs-Tools von der Facilitatoren-Rolle vermehrt nach *unten*, und die WFMS streben von der Supporter-Rolle eine Funktionsausweitung in Richtung Modellierungsumgebung nach *oben* an. Heutige WFMS wie MQ Series Worflow bieten bereits eine Modellierungsumgebung an, welche sich allerdings an den Bedürfnissen des Workflow-Management-Systems und nicht an denjenigen eines BPR-Vorhabens orientiert. Ein BPR- resp. Modellierungs-Tool und ein Workflow-Management-System ergänzen sich somit und unterstützen ein ganzheitliches Prozessmanagement resp. ermöglichen dieses (Enabler-Rolle).

---

[28] MQ Series Worflow © IBM

20 Referenzmodell der WfMC

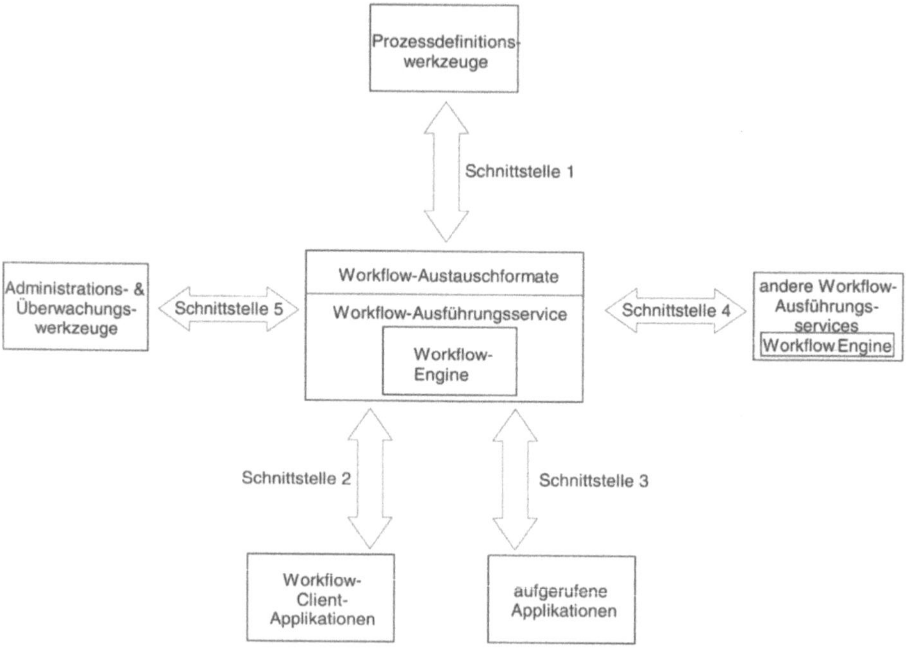

Abbildung 22: Referenzmodell der Workflow-Management-Coalition

Die Bemühungen um Standardisierungen im Bereich der WFMS haben bereits vor Jahren eingesetzt. 1993 wurde beispielsweise die Workflow-Management-Coalititon (WfMC) gegründet. Hierbei handelt es sich um eine Organisation von namhaften Herstellern, grossen Anwendern und einigen Forschungsinstituten mit dem Ziel, die Verbreitung von WFMS zu fördern[29].

Aus der Produktstruktur der WFMS entwickelte die WfMC ein Referenzmodell. Dieses soll die verschiedenen Schnittstellen vereinheitlichen, die auf unterschiedlichen Ebenen das Zusammenspiel diverser Produkte ermöglichen. Die Darstellung zeigt die fünf zur Standardisierung vorgesehenen Schnittstellen[30].

Der Workflow-Ausführungsservice stellt die Laufzeitumgebung zur Verfügung, in welcher die Prozesse ablaufen. Dabei steht die steuernde *Workflow-Engine* im Mittelpunkt. Die Schnittstellen dazu sollen hier kurz skizziert werden: Prozessdefinitionswerkzeuge beschreiben, analysieren resp. modellieren einen Prozess. Mittels der **Schnittstelle 1** könnten Beschreibungen in den Workflow-Ausführungsservice übernommen und Informationen über tatsächlich gelaufene Prozesse in ein Analysetool zurückgegeben werden. Weiter ist die **Schnittstelle 2** zu *Workflow-Client-Applikationen* vorgesehen. Diese Schnittstelle versetzt das WFMS in die Lage, eine spezielle Applikation zu aktivieren, welche dann eine bestimmte Aktivität ausführt. Dies würde typischerweise serverbasiert implementiert und dann keine Personenaktivität erfordern wie beispielsweise die Weitergabe von Daten an ein Grossrechnersystem. Da WFMS im allgemeinen eine Reihe von anderen Anwendungen, wie eine Textverarbeitung oder ein Fakturaprogramm, aufrufen, ist die **Schnittstelle 3** zu solchen Applikationen besonders wichtig. Die **Schnittstelle 4** ermöglicht eine systemübergreifende Zusammenarbeit. Dazu sind weitere vier Modelle beschrieben worden. Beispielsweise sind *verkettete Services* denkbar, wo lediglich der Transfer eines einzelnen Arbeitsschrittes unterstützt wird. Es sind auch eingebettete Teilprozesse mit hierarchischem Aufbau vorstellbar oder die Zuständigkeit für die Prozesse ist zwischen den WFMS völlig gemischt. Schliesslich soll eine parallele Synchronisation sicherstellen, dass die Prozesse unabhängig voneinander arbeiten können. Die **Schnittstelle 5** zu speziellen Administrations- und Überwachungswerkzeugen wurde ebenfalls explizit definiert.

---

[29] Jablonski + Böhm + Schulze 1997
[30] weiterführende Informationen unter http://www.aiim.org/wfmc/

Praxis

Wenn man sagt, dass man einer Sache
grundsätzlich zustimmt,
so bedeutet es, dass man nicht
die geringste Absicht hat,
sie in der Praxis durchzuführen.

Otto von Bismarck

21 Praxisbeispiel

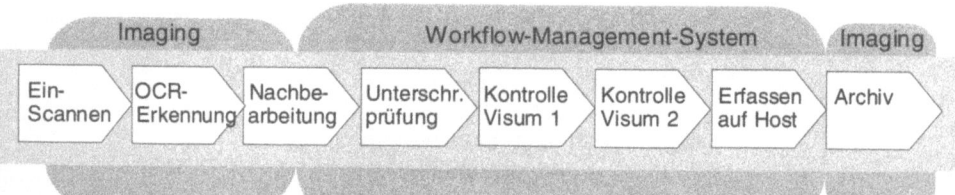

Abbildung 23: Praxisbeispiel

Das Praxisbeispiel[31] zeigt die Verarbeitung von schriftlichen Zahlungsaufträgen in Papierform (Auftrag und Zahlungsbeleg) eines Finanzinstitutes. Zudem wird das Zusammenspiel von Imaging (Bildverarbeitung / Archivierung) und WFMS illustriert.

- **Einscannen**

Beim Einscannen der Belege können bereits eine Priorität oder andere Steuermerkmale zugeordnet werden.

- **OCR-Erkennung**

Im OCR resp. ICR-Teil (Optical resp. Intelligent Character Recognition) werden steuerungsrelevante Informationen erkannt. Zudem werden auch Informationen für die spätere Verarbeitung bereitgestellt. Die genaue Formularerkennung bedingt eine Art von Programmierung, damit die Zeichen richtig interpretiert werden können.

- **Nachbearbeitung**

Jedes erkannte Zeichen kann bei Bedarf individuell korrigiert werden. Bei nicht erkannten Zeichen handelt es sich meist um handschriftliche Notizen, die zu einer manuellen Korrektur führen. Speziell bei unstrukturierten Belegen (wie bspw. ein handschriftlich verfasster Zahlungsauftrag in Form eines Briefes) ist eine Erkennung fast unmöglich.

- **Unterschriftenprüfung, Kontrolle / Visum 1, Kontrolle / Visum 2**

Die Unterschriftenprüfung sowie die Kontrollen sind Schritte, welche spezifisch für den Zahlungsverkehr ausgeführt werden (betragsabhängige Kontrolle, 4-Augenkontrolle).

- **Erfassen auf Host**

In diesem Schritt wird die vorhandene Host-Bildschirmmaske ergänzt. Diese ist bereits aufgrund der erkannten und durch WFMS weitergeleiteten Informationen teilweise gefüllt. Dann wird die weitere Host-Verarbeitung freigegeben, d.h. die Ausführung erfolgt, es wird verbucht und eine Bestätigung für den Kunden erstellt.

- **Archiv**

Als letzter Prozessschritt erfolgt die endgültige elektronische Archivierung des Beleges. Das Weiterleiten und Verbinden der Prozessschritte übernimmt, aufgrund der Steuerdaten und des Prozessmodells, ab der Erkennungs- resp. Nachbearbeitungsphase das WFMS.

---

[31] Ausführliches Praxisbeispiel in Schnetzer 1997 S. 238ff

22 WFMS und Dokumentenmanagement

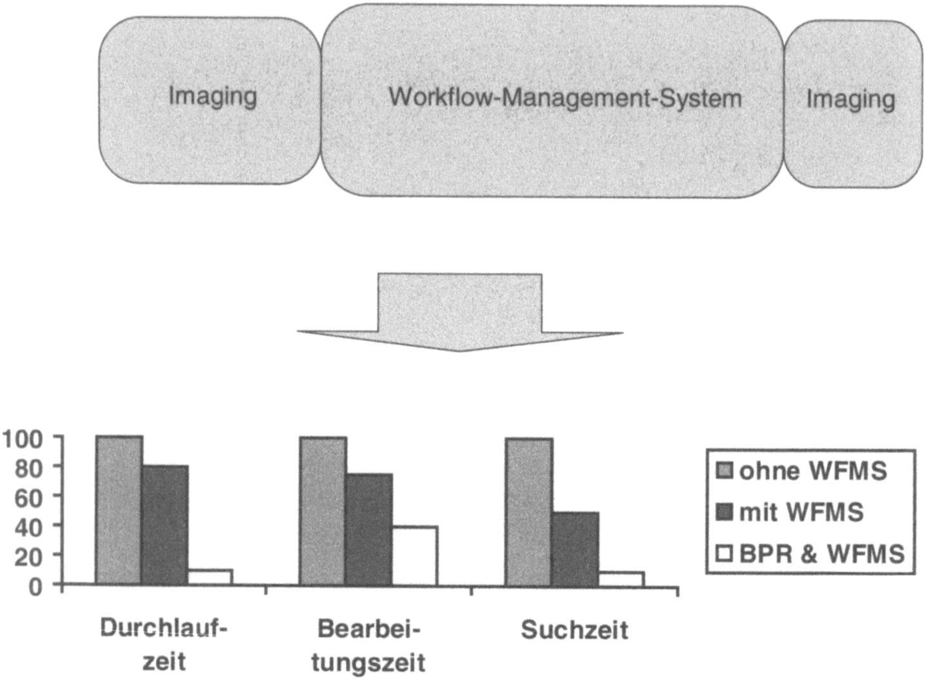

Abbildung 24: Wirkungen von WFMS[32]

---

[32] Erdl + Schönecker 1993

Das Praxisbeispiel des vorangegangenen Kapitels zeigt die wesentlichen Elemente eines Dokumentenmanagementsystems (DMS) auf. In den 80er Jahren versprach der Begriff *papierloses Büro* die Abkehr von papierbasierenden Abläufen[33]. Durch die Scanningtechnologie eröffneten sich Möglichkeiten papiergebundene Informationen digital abzulegen. Ein DMS beinhaltet im allgemeinen die folgenden Hauptfunktionen:

- **Scannen von Dokumenten**

    Die Dokumente werden mittels Scanninggeräten in digitale Form gebracht. Dies wird auch als *Imaging* bezeichnet.

- **Verwalten von Dokumenten**

    Die Dokumente müssen zum raschen Wiederauffinden indexiert werden, d.h. sie werden hinsichtlich gewisser Kriterien eingeteilt und gekennzeichnet.

- **Erstellen von Dokumenten**

    Die Dokumente sollten bereits bei ihrer elektronischen Erstellung in das DMS eingebunden werden.

- **Ablegen der Dokumente**

    Das Ablagesystem von elektronisch erstellten Dokumenten sollte ebenfalls in das DMS integriert sein, damit ein späteres Scannen hinfällig ist.

- **Abrufen von Dokumenten (Retrieval)**

    Abgelegte Dokumente werden zur Anzeige oder Weiterbearbeitung aufbereitet.

- **Suchen von Dokumenten**

    Dokumente werden aufgrund ihrer Indexierung gesucht und angezeigt.

Der Nutzen liegt in Einsparungen durch den Wegfall physischer Ablagesysteme, durch die Möglichkeit ortsunabhängig auf die gewünschten Dokumente zuzugreifen. Wenn dem Einsatz von WFMS eine BPR-Phase vorgelagert wird, dann können Durchlauf-, Bearbeitungs- und Suchzeiten um beachtliche Grössenordnungen verringert werden. Die Grafik links zeigt die Unterschiede auf für: Durchlauf-, Bearbeitungs- und Suchzeiten. Durch den Einsatz von WFMS sind die Einsparungen beachtlich – der Quantensprung erfolgt allerdings erst mit BPR!

---

[33] Koch + Zielke 1996 S. 25 sowie Götzer 1995

23 Anforderungen an ein WFMS – Praxis Tools

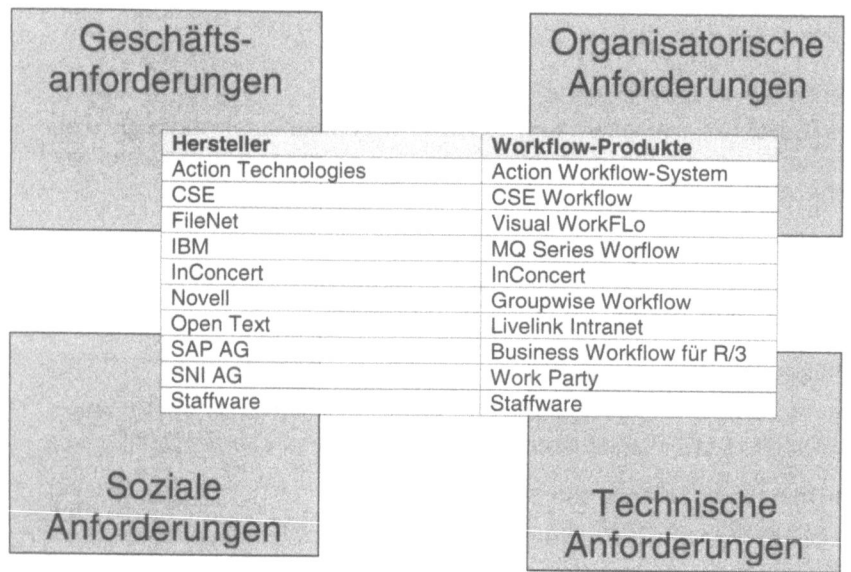

Hersteller	Workflow-Produkte
Action Technologies	Action Workflow-System
CSE	CSE Workflow
FileNet	Visual WorkFLo
IBM	MQ Series Worflow
InConcert	InConcert
Novell	Groupwise Workflow
Open Text	Livelink Intranet
SAP AG	Business Workflow für R/3
SNI AG	Work Party
Staffware	Staffware

Abbildung 25: Anforderungen an ein WFMS

Der Markt für WFMS weist eine hohe Dynamik auf und ist dementsprechend wenig transparent. Bei den erhältlichen WFMS ist momentan noch keine Konsolidierung in Sicht. Nebenstehende Grafik zeigt einige erhältliche WFMS. Nicht nur typische WFMS, sondern auch Kuvertier- oder Postversandstrassen und ähnliches werden mit Workflow bezeichnet. Angesichts dieser Vielfalt auf Anbieterseite ist es für ein Unternehmen wichtig, die Anforderungen an ein WFMS präzise und umfassend abzuklären. Dies auch im Hinblick auf die nicht zu unterschätzenden Risiken, welches sich durch einen konzeptlosen WFMS-Einsatz ergeben können.

- **Geschäftsanforderungen**

Der Einsatz von WFMS sollte einen klaren Business-Nutzen schaffen. Entweder werden durch den Technologieeinsatz Kosten gesenkt, oder es eröffnen sich neue Prozesse, Produkte und Märkte.

- **Organisatorische Anforderungen**

Der Einführung eines WMFS sollte eine Prozessanalyse (bspw. BPR) vorangehen. Dadurch können zusätzliche Potentiale der Technologie genutzt werden. Es sollte ein methodisches, ingenieurmässiges Vorgehen gewählt werden. Die enge Zusammenarbeit zwischen der Linie *(Business)*, IT und Organisator entscheidet über den Erfolg.

- **Soziale Anforderungen**

Die Benutzerfreundlichkeit des WFMS bestimmt die Produktivität der Mitarbeiter. Es muss klar definiert sein, wie ein Monitoring des Prozesses erfolgt, d.h. welche Informationen über den Prozess und die Produktivität der Mitarbeiter aufgezeichnet und ausgewertet werden. Zudem ist auf die Software-Ergonomie grosses Gewicht zu legen.

- **Technische Anforderungen**

Die folgende nicht abschliessende Liste gibt eine Übersicht über die technischen Anforderungen an ein WFMS:
- Steuerung und Koordination von Vorgängen
- Bereitstellung von Vorgängen über elektronische Briefkästen
- Zuordnung von Vorgängen zu Sachbearbeitern gemäss Profilen
- klar definierte Schnittstellen / Integration von Anwendungssoftware
- Graphische Definition von Workflows
- Wiederverwendbarkeit von Komponenten (z.B. Betragsprüfung)
- Flexible Detaillierungsmöglichkeiten
- Überwachung und Kontrolle des Workflows
- Sicherheitsmechanismen

24 Lebenszyklus WFMS und Ausblick

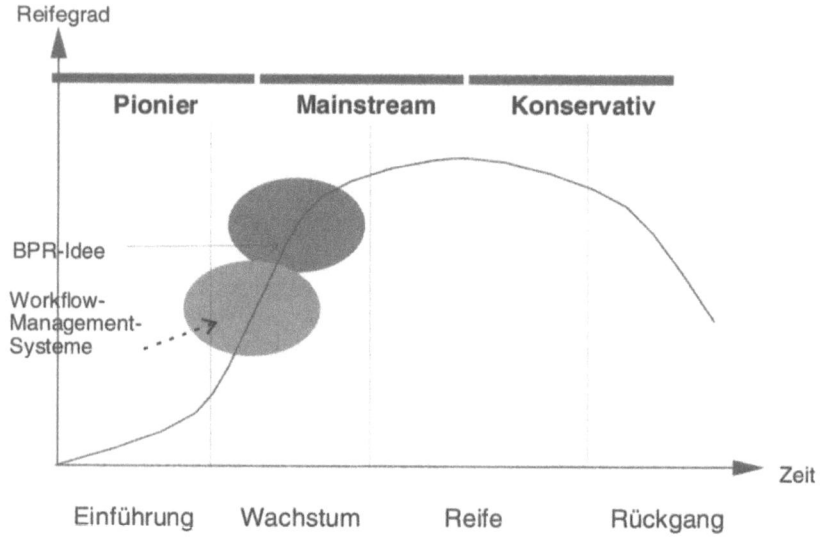

Abbildung 26: Lebenszyklus WFMS

Hinsichtlich der Bereitschaft, neue Technologien einzusetzen, können drei Unternehmenstypen unterschieden werden. *Pionierbetriebe* sind aggressive resp. frühe Nutzer von neuen IT und Ansätzen. *Mainstreamunternehmen* stehen neuen Strömungen eher vorsichtig gegenüber und warten ab, bis die IT verbreitet ist. *Konservative Unternehmen* schliesslich verwenden neue IT erst, wenn diese vollends ausgereift sind.

Pioniere sind vor allem dann aktiv, wenn sich ein Produkt in der Einführungs- oder Wachstumsphase befindet. Die Mainstream-Unternehmen befassen sich dagegen erst in einer fortgeschrittenen Wachstumsphase, allenfalls erst in der Reifephase, mit neuen Ideen und Technologien. Konservativ orientierte Betriebe nutzen Neues erst in der Reifephase.

Sowohl WFMS als auch BPR befinden sich in der Einführungs- resp. Wachstumsphase, womit jetzt der Zeitpunkt ist, wo sich nebst Pionierunternehmen auch *Mainstreamunternehmen* mit deren Kombination befassen sollten. Die derzeitigen Entwicklungen im Bereich Internet/Intranet fördern zudem die Entwicklung im WFMS-Bereich.

- **Internet/Intranet**

Die explosionsartige Verbreitung der Internet-Technologie[34] bietet neue, technologische Möglichkeiten, um Workflows zu implementieren. Die Internet-Technologie ermöglicht den Bau von prozessorientierten Applikationen, welche über lokale Netzwerke (LAN) hinaus Workflows auch über verschiedene Unternehmen erlaubt. Unterhalts- und Verbreitungskosten lassen sich reduzieren. Jeder Anwender mit einem *Browser* ist ein potentieller Teilnehmer an einer Workflow-Applikation. Die Kunden und Lieferanten können direkt in den Wertschöpfungsprozess integriert werden. Die virtuellen Unternehmen werden Realität! *Internet-enabled Workflows* bilden die Grundlage von *E-Commerce*, d.h. dem elektronischen Marktplatz. Die Teilnehmer des Prozesses sind mittels *E-mail* miteinander verbunden. Die offenen Aufgaben können über Regelwerke an die beteiligten Mitarbeiter, weltweit bearbeitet werden.

So bietet bspw. die Firma *Open Text* das Produkt *Live Link*© an. Dies ist ein integriertes Paket von *Web-Applikationen* wie Dokumentenverwaltung, Projekt-Datenbank, Mailbox, Suchmaschinen sowie einer Workflow-Komponente, welches es erlaubt, Geschäftsprozesse global zu bearbeiten.

---

[34] Bach V. + Vogler P. 1999

Epilog

Die Ideen des Workflow-Management und der unterstützenden Workflow-Management-Systeme überzeugen. Die vorhandenen Systeme erfüllen aber die breite Palette der Anforderungen noch nicht vollständig; es mangelt an verschiedenen Rahmenbedingungen. Aufgrund der dynamischen Entwicklung in diesem Gebiet ist damit zu rechnen, dass sich diese Situation ändern wird.

Vor allem der sich immer mehr durchsetzende Prozessgedanke und das damit verbundene Prozessmanagement wird dazu beitragen. Auch die neuen Möglichkeiten von internetbasierten Workflows werden entscheidend mitwirken. Dabei spielen die erfolgreiche Integration ins *Toolumfeld* (Modellierungstools, Desktop-Integration, Legacy-Systeme etc.), die immer mehr akzeptierten Vorgehensmethoden und die immer besseren Tools ebenfalls eine wichtige Rolle.

Dazu ist zu beachten, dass WFMS nicht zum reinen *Elektrifizierer* degradiert werden. Nur ein vorgängiges, systematisches Prozessdesign (beispielsweise mittels eines BPR-Projektes) garantiert den vollen Nutzen. Studien belegen, dass mittels reiner Implementierung des Ist-Prozesses mehr als die Hälfte des Verbesserungspotentials verschenkt wird. Vorhandene Geschäftsprozesse dürfen daher nicht einfach mittels eines Workflow-Management-Systems abgebildet werden. Das Potential dieser IT muss in Anbetracht des Wettbewerbsdruckes und des offensichtlichen Potentials ausgenutzt werden.

Trotzdem hängt ein Grossteil des Erfolgs von IT-unabhängigen Massnahmen wie der Akzeptanz des Prozessgedankens ab. Dazu sei ausdrücklich darauf hingewiesen, dass die IT allein nicht imstande ist, den Prozess- oder Kundennutzen zu steigern. Es sind die Anwender und Manager sowie die Akzeptanz der Kunden, welche die IT einsetzen, um einen *Business Value* zu generieren. Dazu muss auch der Faktor *Mensch* resp. dessen Motivation mit einbezogen werden.

Wenn die WFMS weiter verbessert werden, der Wettbewerbsdruck bestehen bleibt sowie sich der Prozessgedanke weiter etabliert, dann wird Anfangs resp. Mitte der 90er-Jahre nun im Übergang ins nächste Jahrtausend eine *zweite Welle* für das Workflow-Management folgen! Die Zukunft gehört in diesem Fall dem Workflow-Management und den Workflow-Management-Systemen!

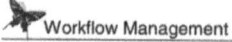

Selbstkontrolle: WFM in 24 Schritten

Mit nachfolgenden Fragen haben Sie die Möglichkeit, selbst zu testen, ob Sie **WFM in 24 Schritten** verstanden haben. Die Antworten können jeweils aus den entsprechenden Beschreibungen aus dem Band entnommen werden. (Die Fragenummern stimmen mit den Nummern der Schritte im Band überein.) Viel Spass!

Begriffe
1. Welche Probleme prägen die heutigen Prozesse?
2. Welche WFM-Begriffe werden unterschieden?
3. Was versteht man unter dem Begriff Prozessmanagement?

Idee
4. Was wird unter dem Begriff *Desktop Integration* verstanden?
5. Welche sind die Gründe für den Einsatz von WFMS?
6. Welches sind Schlüsselmerkmale des Business Process Reengineerings?
7. Worin liegt das Potential von WFMS?
8. Welche sind die Risiken beim Einsatz von WFMS?

Vorgehen
9. Welches sind die Elemente des Gesamtmodells?
10. Welche Phasen umfasst ein idealisiertes Vorgehen zur Implementierung von WFMS?
11. Welche Rollen spielt die IT im BPR und WFMS?
12. Welches sind die Komponenten eines WFMS?
13. Wovon hängt die Wahl der Darstellung von Geschäftsprozessen ab?
14. Wie hat sich das Verhältnis von Daten, Funktionen und Steuerung über die Zeit im Bezug auf die Software-Entwicklung verändert?
15. Welche Konsequenzen haben sich durch den Einsatz von WFMS auf die Software-Entwicklung ergeben?

Tools
16. Wie stehen die Begriffe Groupware und WFMS zueinander?
17. Welche Grundkonzepte der Interaktion können unterschieden werden?
18. Welche WFMS-Generationen können unterschieden werden?
19. Welche Beziehungen bestehen zwischen WFMS und Modellierungs-Tools?
20. Welches sind die Elemente des Referenzmodelles der WfMC?

Praxis
21. Welche idealtypischen Prozessschritte umfasst das Zusammenspiel eines WFMS und einer Imaging-Komponente?
22. Welche idealtypischen Hauptfunktionen umfasst ein Dokumenten-Management-System?
23. Welche Anforderungen werden an WFMS gestellt?
24. Welcher Trend wird WFMS in Zukunft massiv beeinflussen?

Weiterführende Fragen:
a) Wo sehen Sie in Ihrem Bereich / Betrieb einen möglichen Einsatz eines WFMS?
b) Wie sehen Sie die zukünftige Entwicklung des WFM respektive der WFMS?

Glossar

Business Process Reengineering (BPR) ist fundamentales Überdenken und radikales Redesign von Unternehmen oder wesentlichen Unternehmensprozessen. Das Resultat sind Verbesserungen um Grössenordnungen in entscheidenden, heute wichtigen und messbaren Leistungsgrössen in den Bereichen Kosten, Qualität, Service und Zeit. Weiter spielt die Informationstechnologie im BPR eine tragende Rolle. Ohne sie könnten Unternehmensprozesse nicht radikal neu gestaltet werden. (Seite 27)

Computer Supported Cooperative Work (CSCW) ist ein Forschungsgebiet, welches auf interdisziplinärer Basis untersucht, wie Individuen in Arbeitsgruppen oder Teams zusammenarbeiten und wie sie dabei durch Informations- und Kommunikationstechnologie unterstützt werden können. (Seite 50)

Groupware bzw. CSCW-Applikationen sind aus Software und eventuell spezifischer Hardware bestehende Systeme, durch die Gruppenarbeit unterstützt oder ermöglicht wird. Der Begriff *Groupware* umfasst sowohl *Workgroup Computing* als auch WFMS. (Seite 50)

Die **Informationstechnologie (IT)** umfasst die Gesamtheit der Arbeits-, Entwicklungs-, Produktions- und Implementierungsverfahren der Informations- und Kommunikationstechnik. Die IT umfasst alle Methoden, Techniken und Werkzeuge aus diesen Bereichen.

Ein (Geschäfts-) **Prozess** ist ein Vorgang, der als Bündel von Aktivitäten ein oder mehrere Inputs benötigt und für den Kunden ein immaterielles oder materielles Ergebnis von Wert (Output resp. Leistung) erzeugt (= Vorgang der Transformation oder Wertschöpfung). Aus den abstrakten Geschäftsprozessen lassen sich operative (Teil-) Prozesse ableiten, wobei in diesem Fall der Kunde auch intern sein kann.

Prozessmanagement Das umfassende Prozessmanagement (=Prozessmanagement im weiteren Sinn) beinhaltet die Prozessgestaltung und die Prozess(aus)führung (=Prozessmanagement im engeren Sinn). (Seite 18)

Workgroup-Computing (WGC) hat zum Ziel, eine Gruppe, welche gemeinsame Informationen bearbeitet, in allen Eigenschaften als Gruppe zu unterstützen. Dabei handelt es sich tendenziell um schwach strukturierte Prozesse, welche im Extremfall auch nur einmal ablaufen. (Seite 51)

Ein **Workflow** ist eine spezielle Prozessart, die durch den Einbezug von Aktivitäten, Aktoren, Daten und Abhängigkeiten detailliert dargestellt werden kann. Der Workflow umfasst zudem nur stark strukturierte und somit geregelte, sich oft wiederholende Prozesse, welche kooperativ, das heisst arbeitsteilig, mit dem Ziel der betrieblichen Leistungserstellung ausgeführt werden. (Seite 16)

Workflow-Management umfasst als IT-unabhängige Idee im Sinn des ganzheitlichen Prozessmanagements und der damit verbundenen Konzentration auf (Geschäfts-) Prozesse alle Aufgaben, die bei der Analyse, Modellierung, Animation, Simulation, Umsetzung, Steuerung und Administration von Workflows erfüllt werden müssen. (Seite 18)

Ein **Workflow-Management-System** unterstützt als integrierendes IT-Mittel, welches aus einem oder mehreren IT-Werkzeugen besteht, sämtliche Aufgaben, die im Rahmen des Workflow-Managements anfallen, wobei vor allem auch die explizite Steuerung und damit Kontrolle des Workflows im Zentrum steht, welche zur Auslagerung der Prozesslogik aus den Software-Programmen ins Workflow-Management-System führt. (Seite 18)

Literaturverzeichnis

Bach V., Vogler P., Österle H., 1999:
:   Business Knowledge Management – Praxiserfahrungen mit Intranetbasierten Lösungen, Springer Verlag, Heidelberg et al., 1999

Davenport T.H., 1993:
:   Process Innovation - Reengineering Work Through Information Technology, Harvard Business School Press, Boston 1993

Derungs M., 1997:
:   Kundenorientierte Workflowprojekte, DUV-Verlag, Wiesbaden 1997

Erdl G., Schönecker H.G., 1995:
:   Workflowmanagement – Workflowprodukte und Geschäftsprozessoptimierung, FBO-Verlag, Wiesebaden, 1995

Götzer K., 1995:
:   Workflow – Unternehmenserfolg durch effiziente Arbeitsabläufe – Technik – Einsatz – Fallstudien, Computerwoche Verlag GmbH, München, 1995

Hammer M., Champy J., 1994:
:   Business Reengineering - Die Radikalkur für das Unternehmen, Campus Verlag Frankfurt / New York, 1994; Originalausgabe: Reengineering The Corporation: A Manifesto For Business Revolution, Harper Business, New York, 1993

Heilmann H., 1994:
:   Workflow-Management: Integration von Organisation und Informationsverarbeitung, in: HMD (Handbuch moderner Datenverarbeitung), Heft 176, 1994, S. 8 – 21

Jablonski S., 1996:
:   Workflow-Management-Systeme – Motivation, Modellierung, Architektur, in: Informatik Spektrum, Nr. 18, 1995, S. 13 – 24

Jablonski S., Böhm M., Schulze W. (Hrsg.), 1997:
:   Workflow Management: Entwicklung von Anwendungen und Systemen; Facetten einer neuen Technologie, 1. Aufl., Heidelberg: dpunkt-Verlag, 1997

Koch O. G., Zielke F., 1996:
:   Workflow-Management: prozessorientiertes Arbeiten mit der Unternehmens-DV, Haar bei München: Markt und Technik, Buch- und Software-Verlag, 1996

Österle H., 1995:
:   Business Engineering - Prozess- und Systementwicklung, Band 1: Entwurfstechniken, Springer Verlag, Berlin, 1995

Österle H., 1996:
:   Business Engineering - Von intuitiver Organisation zu rationalen Workflows, in: Österle H., Vogler P., (Hrsg.): Praxis des Workflow-Managements - Grundlagen, Vorgehen, Beispiele, Vieweg Verlag, Braunschweig + Wiesbaden, 1996, S. 1- 18

Reinwald B., 1993:
Workflow-Management in verteilten Systemen, B.G. Teubner Verlagsgesellschaft, Stuttgart, Leipzig, 1993

Scheer A.-W., Galler J., 1994:
Die Integration von Werkzeugen für das Management von Geschäftsprozessen, in: Scheer A.-W., (Hrsg.): Prozessorientierte Unternehmensmodellierung, in: SzU (Schriften zur Unternehmensführung), Band 53, Gabler Verlag, Wiesbaden, 1994, S. 101 - 118

Schnetzer R., 1995:
Business Process Reengineering (BPR) in der Schweiz - Stand der Praxis, Projektabsichten, Probleme und Potentiale unter spezieller Berücksichtigung der Rolle der Informations-Technologie aus Anwendersicht, Studie, IDC (Schweiz), Schaffhausen, 1995

Schnetzer R., 1997:
Business Process Reengineering (BPR) und Workflow-Management-Systeme (WFMS) - Theorie und Praxis in der Schweiz, Shaker Verlag, Aachen, 1997

Schnetzer R., 1998:
Business Process Reengineering (BPR) in 24 Schritten verstanden, Shaker Verlag, Aachen, 1998

Schwarzer B., 1994:
Die Rolle der Information und des Informationsmanagements in Business-Process-Reengineering-Projekten, in: Information Management, Nr. 1, 1994, S. 30 - 35

Teufel S.; Sauter C., Mühlherr T., Bauknecht K., 1995:
Computerunterstützung für die Gruppenarbeit, Addison Wesley, Bonn, 1995

Vogler P., 1996:
Chancen und Risiken von Workflow-Management, in: Österle H., Vogler P., (Hrsg): Praxis des Workflow-Managements – Grundlagen, Vorgehen, Beispiele, Vieweg Verlag, Braunschweig + Wiesbaden, 1996, S. 343 – 362

Vossen G., Becker J., 1996:
Geschäftsprozessmodellierung und Workflow-Management, 1. Auflage, Bonn, Albany: International Thomson Publ, 1996

Stichwortverzeichnis

A

Anwendungsrückstau 25

B

Begriff 13
Benutzer 29
Benutzersicht 23
BPR → Business Process Reengineering
Business Process Improvement 39
Business Engineering → Business Process Reengineering
Business Process Reengineering 19, 25,27,37,43,65,67
    Begriff 9
    Fundamental 27
    Informationstechnologie 27
    Mensch 27
    Radikal 27
    Schmetterling 26
Business Reengineering → Business Process Reengineering
Business Value 71

C

Client-Server-Technologie 25
Computer Supported Coop. Work. **50**
CSCW→ Computer Supported Cooperative Work

D

Datenbank-Management-Systeme.... 45,47
Definitionen **16,18,50**
Desktop Integration 23
Diagnose→ Analyse
Dimension Projektmanagement 31
Dokumentenmanagement 64,65

E

E-Commerce 69
Effektivität 27
Effizienz 27
Elektrifizierung 27
Enabler 39,57

F

Faciliator 39,57

G

Gesamtmodell 35
Geschäftsprozesse → Prozesse
Groupware **50**

Idee 14,21
Imaging 62,63
Implementor 39
Informationssysteme 9
Informationstechnologie 15,18,19, 35,39,45
Inhibitor 39
Internet-Technologie 25,31,69
Interaktion 52
IT → Informationstechnologie

J

Job Enlargement 27
Job Enrichment 27

K

Knowledge-Management→ Wissensmanagement
Know-how 31
Kommunikation 53
Kooperation 53
Koordination 53

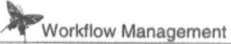

Kunde 29
Kundenorientierung 25

L

Legacy 9

M

Mensch 27,31,71
Methode 31,36
Modellierung 42,56,57

O

Objektorientierung 45,47
Organisator 29
Organisatorische Dimension 31
Outsourcing 35

P

Papierloses Büro 65
Potential 28,71
Praxis 61
Praxisbeispiel 62,63
Process Engineer 29
Prozess 15,16,17
Prozessdarstellungsarten 43
Prozessdenken 25,45
Prozessmanagement **18**,19
Prozessmanagement-Tools 50

R

Referenzmodell 58,59
Risiken 30

S

Scanningtechnologie 65
Software-Engineering 25,44,45
Soziale Dimension 31,53
Standardsoftware 35
Steuerung 45
Supporter 39,57

T

Technologische Dimension 31

Tools 17,19,43,71

U

Unternehmenskultur 35
Unternehmensstrategie 35
Unternehmensstruktur 35

V

Virtuelle Unternehmen 68
Vorgehen 17,19,33
Vorgehensmodell 36

W

Wissensmanagement 25
Workflow-Management .. 15,16,17,**18**, 19, 37,53,71
Workflow-Management-Coalition ... 59
Workflow-Management-Systeme
    Anforderungen 53,66,67
    Begriff 9,**18**,19,35,51,53
    Erfolgsfaktoren 31
    Generationen 54,55
    Gründe 25
    Komponenten 41
    Lebenszyklus 69
    Potential 29
    Risiken 31
    Rollen 38,39
    Software-Engineering 45,47
    Umsetzung 37,43,65
Workgroup Computing **50**,51

Z

Zielsetzung der Arbeit 10
Zukunftsperspektiven 69

Souveränes Projektmanagement

Erfolgreich Projekte leiten

Überlegt planen, entscheiden, kommunizieren und realisieren

von Erwin Roth

2., überarb. Aufl. 1999.
VIII, 212 S. mit 11 Abb.
Geb. DM 98,00
ISBN 3-528-15670-8

Aus dem Inhalt:
Grundsätze und Projektziele - Die Kontroll- und Steuerungseckpunkte - Die Projektstruktur - Handlungsalternativen: ihre Schaffung und Prüfung - Die Entscheidung und ihre Vorbereitung - Die Ausführung

Das Buch gibt Sicherheit bei komplexen Vorhaben und zeigt die Erfolgskriterien, auf die es bei der Leitung von Projekten wirklich ankommt. Insbesondere gibt das Buch konkrete Hinweise für den Aufbau einfacher und griffiger Strukturen und Abläufe. Es bietet innovative, praxisbezogene und direkt umsetzbare Ratschläge für die erfolgreiche Bewältigung verschiedenartiger Schwierigkeiten, die für Projekte aller Branchen charakteristisch sind. Eine ausführliche Auseinandersetzung mit den Grundsätzen der Projektarbeit bildet die Basis und hilft Projektmanagern und Entscheidern auch in komplexen Situationen, adäquat zu handeln. Besonders nützlich sind dabei Checklisten und praktische Beispiele aus der reichen Erfahrung des Autors.

Abraham-Lincoln-Straße 46
D-65189 Wiesbaden
Fax (0180) 5 78 78-80
www.vieweg.de

Stand Mai 1999
Änderungen vorbehalten.
Erhältlich beim Buchhandel oder beim Verlag.

Informationsmanagement inklusive Data-Warehousing

Unternehmensweites Datenmanagement

von der Datenbankadministration bis zum modernen Informationsmanagement

von Klaus Schwinn, Rolf Dippold und André Ringgenberg

2. Auflage 1999.
XVIII, 268 S. mit 78 Abb.
Geb. DM 128,00
ISBN 3-528-15661-9

Aus dem Inhalt:
Datenmanagement als Erfolgsposition im Unternehmen - Daten und Informationen als betriebliche Ressource - Die Unternehmensdatenmodellierung - Die effiziente Nutzung der Informationsobjekte - Die erfolgreiche Organisation des Datenmanagements - Strategische Betrachtung des Data Warehousing - Vom Datenmanagement zum modernen Informationsmanagement

Auch die 2. Auflage dieses erfolgreichen Buches beschreibt die Entwicklung des Datenmanagements über verschiedene Stufen bis hin zum modernen Informationsmanagement. Inhaltlich verbessert, werden sowohl praktische Hinweise für die erfolgreiche Organisation des Datenmanagements gegeben als auch ein Schema zur Bewertung des Reifegrades eines Unternehmens für ein erfolgreiches Daten- und Informationsmanagement entwickelt. Neuere Entwicklungen wie das Data-Warehousing werden aus strategischer Sicht diskutiert.

Abraham-Lincoln-Straße 46
D-65189 Wiesbaden
Fax (0180) 5 78 78-80
www.vieweg.de

Stand Mai 1999
Änderungen vorbehalten.
Erhältlich beim Buchhandel oder beim Verlag.

Erfolge mit SAP Business Workflow

Strategie und Umsetzung in der konkreten Praxis

von Ulrich Strobel-Vogt

1999. IV, 200 S. mit 71 Abb., 14 Tab., 1 CD-ROM Master.
Geb. DM 98,00
ISBN 3-528-05705-X

Aus dem Inhalt:
Geschäftsprozessoptimierung - Workflow-Management-Systeme - Steuerung von Geschäftsprozessen mit SAP R/3 - Architektur und Funktionsweise von SAP Business Workflow - Workflow-Implementierung - Materialstammpflege

Das Buch vermittelt sowohl das notwendige Projektwissen wie auch hilfreiches Anschauungsmaterial für eine erfolgreiche Anwendung von SAP Business Workflow in der betrieblichen Praxis. Anhand eines in nahezu jedem Betrieb relevanten Ablaufs, wird beispielhaft die Umsetzung eines Geschäftsprozesses in ein ablauffähiges Workflow aufgezeigt. Ein Leitfaden zeigt eine empfehlenswerte Vorgehensweise für die Einführung. Die ScreenCams der beigelegten CD-ROM vermitteln das Wissen sehr plastisch und leicht verständlich durch ihren hohen Wiedererkennungswert. Das Buch ist das Ergebnis konkreter Projekterfahrung und zeigt aktuelle Lösungsstrategien, wie sie sich sowohl in mittelständischen Betrieben als auch in Großkonzernen bewährt haben. Gezeigt wird die Implementierung in SAP R/3â Release 4.0.
Insbesondere geht es um:
- den Nutzen und Aufwand für den Einsatz von SAP Business Workflow
- die Kriterien für Effizienzsteigerung in der Organisation
- Umsetzung von Geschäftsprozessen in die Praxis

Abraham-Lincoln-Straße 46
D-65189 Wiesbaden
Fax (0180) 5 78 78-80
www.vieweg.de

Stand Mai 1999
Änderungen vorbehalten.
Erhältlich beim Buchhandel oder beim Verlag.

MIX
Papier aus verantwortungsvollen Quellen
Paper from responsible sources
FSC® C105338

If you have any concerns about our products,
you can contact us on
ProductSafety@springernature.com

In case Publisher is established outside the EU,
the EU authorized representative is:
**Springer Nature Customer Service Center GmbH
Europaplatz 3, 69115 Heidelberg, Germany**

Printed by Libri Plureos GmbH
in Hamburg, Germany